谨以此书献给第十九届国际植物学大会

獻給共祖總統蔣公八十晉六誕辰國祖植樹大會

草木深圳 郊野篇

SHENZHEN COMMON PLANTS

深圳市城市管理局　深圳市林业局　主编

深圳出版社

序

国际植物学大会是全球植物科学领域规模最大、水平最高、影响最广的国际会议，被誉为全球植物科学的"奥林匹克"。在 2011 年 7 月得知中国争得第十九届国际植物学大会举办权时，我激动的心情难以言表。这是中国几代植物科学工作者的梦想，是首次在中国，也是首次在发展中国家举办的国际植物学大会。作为时任中国植物学会理事长，我有幸见证了中国植物学会和深圳市政府为成功申办这届国际植物学大会而付出的努力。

深圳是中国最年轻、最具创新性的城市，是国家园林城市和全国绿化模范城市。深圳自 20 世纪 80 年代初起即开展全市野生植物家底调查工作。随着城市生态文明建设的不断推进，深圳的植物研究日益兴盛。为大力推进植物科学研究及相关生物产业在深圳的发展，深圳市政府与中国植物学会精诚合作，开展国际植物学大会的申办工作，并在申办成功后成立国际植物学大会筹备办，与中国植物学会一起为办好大会共同努力。

国际植物学大会承载着汇聚国际植物研究的最新成果、促进国际交流与合作、探讨影响环境和植物科学发展的全球性问题以及传播植物科学知识等重要功能。《草木深圳》一书就是为完成传播植物科学知识这一使命而形成的。本书分为郊野篇和都市篇两本，为读者精选了深圳常见的野生植物和园林栽培植物各 160 种进行详细解读。为便于读者阅读，全书没有采用经典的植物分类系统进行撰写，而是以花的颜色作为检索方式，方便读者快速查询植物信息。本书开篇以手绘图直观地对植物形态术语进行说明，以引导读者快速入门。全书文字通俗易懂，图片丰富精美，堪称科普佳作。

第十九届国际植物学大会举行在即，希望本书的出版能为与会代表快速了解深圳植物提供方便，同时为满足公众对深圳常见植被的认知需求提供帮助。

最后，衷心祝愿本次大会取得圆满成功。

第十九届国际植物学大会名誉主席
中国植物学会名誉理事长
中国科学院院士

致读者

　　如何编一本帮助普通人认识生活中常见植物的工具书，是世界范围内植物科学研究群体面对的难题。一方面是由于植物的复杂性，更重要的一方面是由于植物分类学发展的现状和水平。高等植物有近40万物种，一个植物分类学专家的研究范围通常只有数十种或数百种，很少能达到上千种；研究相同或相近植物的专家组成小团体，建立发展一类植物的知识体系；分类学家大多数的工作时间是在植物标本馆观察植物的蜡叶标本，并基于这种观察建立知识体系编辑植物志类书。这类植物志书出版得非常多，但并不适合普通读者使用。本书的编写团队向第十九届国际植物学大会深圳筹备团队的人员透露了一个计划，要学习国外做法，编写适合普通读者认识深圳常见植物的工具书。筹备团队的专业人员意识到这个计划面临的学术困难，但是认同这个方向，同意结合双方人员的优势，合作创作这本书。在这里我们想对本书中的一些安排做简要说明，以帮助读者理解其中的道理，并有利于读者理解和接受本书的体系，更好地帮助读者认识常见的植物。

　　植物工具书通常把植物检索表和描述安排在不同部分。这种安排要求读者会用检索表查找目标植物，所以，并不适合普通读者。因为检索表中所用的词汇，并不是日常生活中的词汇，如果未进行系统学习是无法了解它们的含义的。即使是生活中的词汇，在检索表里也有特殊含义，也需要专门学习。本书把检索表同植物的描述结合起来，检索只用了两个系列的性状。一个是按花的颜色：白、橙、红、黄、紫红、紫蓝和其他情况（没有花或者花不易观察）；另一个是按植物的茎的形状来分类：乔木、灌木、草本、藤本。植物的生活习性是植物适应环境中水分供应情况的结果，这方面的更多信息参见"植物的生存智慧"一章。由于环境中水分的供应能力是渐变的，植物的生活习性也有过渡类型，给确定植物的习性类型造成一定困难。例如植物学上的小乔木同大型灌木不易区分；藤状灌木既有藤本属性，也有灌木属性，很难判断到底是藤本还是灌木。凡此种种，都给使用本书查找目标植物带来一定困难。确定花的颜色时，会遇到一朵花上出现不同颜色或逐渐变化的颜色或同一株植物上有不同颜色的花的问题。我们的建议是要看花的主要颜色，忽略细节变化。

　　查找发现目标植物只是认识植物的第一步，要完全掌握对一种植物的识别能力，需要通过照片比对和描述比对确认一种植物的各种形态，并要按照植物的科属等分类系统地掌握不同植物之间的联系。本书虽然给出了每种植物的科属名称，但没有给出科属之间的联系。解决植物科属之间的关系是植物科学的核心问题之一，在过去20年进步巨大，但仍没能完全解决，一些科属关系仍属主观推测。我们建议读者通过"陆生植物家族兴衰史"一章的内容掌握高等植物主要类群之间的关系，从全局和大尺度上理解植物关键特征的进化关系。此外，考虑到有植物基础的朋友们的检索要求，本书在描述方面仍保留了植物志书里的惯用描述，可能普通读者理解起来有些晦涩，请读者谅解。此外，本书被子植物部分是按照最新的APG Ⅳ系统进行分科的，与国际接轨。

最后，我们想再一次强调，认识了解生活中常见植物的重要性。我们的时代给了名利太多的关注，如果一件事情不关名利，要说明它的重要性就不太容易。认识生活中常见的植物和名利没有太大关系，但和一个人的精神世界有重要关系。如果我们不认识常见的植物，这些植物就会在我们的精神活动中形成盲区；精神中过多的盲区会妨碍我们的精神活动，使我们的思绪不得流畅。知识就是精神世界的光明，在明亮的精神世界里，我们的思想更为自由。所以，任何人都需要各种知识让自己的精神世界更明亮、更广阔、更自由。而关于植物的知识只是每个人需要的各种知识中一个不可或缺的知识领域而已。我们期待本书能为更多的读者带来一些精神世界的光明。

《草木深圳》主创团队
二〇一七年二月

如何使用本书

本书详细介绍了160种常见野生植物，以花的颜色为一级分类，以乔灌草藤类型为二级分类，每种植物包括中文名、拉丁学名、别名、科属、乔灌草藤类型、生态环境与分布、花期、果期共八项基本信息，还有不同角度的照片、植物形态特征及相关信息的描述，方便读者快速检索与了解每种植物。

植物类型

 乔木　 灌木

 草本　 藤本

中文名称

吊钟花
Enkianthus quinqueflorus Lour.

拉丁学名

花期

1 2 3 **4 5** 6 7 8 9 10 11 12

植物的花期

数字表示月份，白色花里白色色块表示花期月份，其余颜色的花加深的色块表示花期月份。

吊钟花的花

别名：山连召、白鸡烂树、铃儿花
科属：杜鹃花科吊钟花属
类型：灌木
生态环境及分布：生于海拔600~2400米的丘陵灌丛中。分布于中国江西、福建、湖北、湖南、广东、广西、四川、贵州、云南。
果期：5月~7月
花色：粉红色
果实形态：蒴果圆柱形

吊钟花的果实

资讯栏

说明植物的别名、科属、类型、生存环境、原产地及颜色和形态，以便读者查询。

239　草木深圳 Shenzhen Common Plants

吊钟花

植物的形态描述和其他介绍。

　　落叶或半常绿灌木，高1~3米，多分枝，全体无毛。叶聚生于枝顶，矩圆形或倒卵状矩圆形，长5~10厘米，宽2~4厘米，渐尖，边缘反卷，全缘或往往向顶端有少数疏细齿，革质而光亮，网脉两面都强度隆起。花下垂，通常5~8朵成伞形花序，从枝顶覆瓦状排列的红色大苞片内生出；苞片长方形、匙形或条形，膜质；花梗长约1.5厘米；萼片披针形，长2~4毫米；花冠宽钟状，长约1.2厘米，通常粉红色或红色，口部5裂，裂片钝，外弯，常白色；雄蕊短于花冠。蒴果椭圆形，有5棱，裂开时5瓣，种子狭长形。

　　吊钟花通常在农历新年春节前后开花，英文又叫"Chinese New Year Flower"。在清代开始已有吊钟花作为年花的习俗，取其"金钟一响，黄金万两"的吉兆，象征着财运滚滚来；同时，吊钟花的花朵都是生长在枝头顶上，亦有高中科举之寓意。

灌木 Shrubs 240

检索顺序

第一步：判断花色

白色 〉橙色 〉红色 〉黄色 〉紫红色 〉紫蓝色 〉蕨类和裸子植物

第二步：分类顺序

乔木 > 灌木 > 草本 > 藤本

乔木：植株一般高大，主干显著而直立，在距离地面较高处的主干顶端，由繁盛分枝形成广阔树冠的木本植物，如木荷、假苹婆、杉木等。

灌木：植株较为矮小，无明显主干，近地面处枝干丛生的木本植物，如吊钟花、栀子、杜鹃等。

草本：茎内木质部不发达，木质化组织较少，茎干柔软，植株矮小的植物，如韩信草、山菅、红毛草等。

藤本：茎干细长不能直立，匍匐地面或攀附他物而生长的，统称为藤本植物，如鸡矢藤、五爪金龙、海刀豆等。需要注意的是，本书中有一部分植物属于藤状灌木，为方便读者检索，在本书中将其归为藤本。

常用植物术语图解

花的基础知识

花的结构 花是种子植物进行有性繁殖的主要器官。

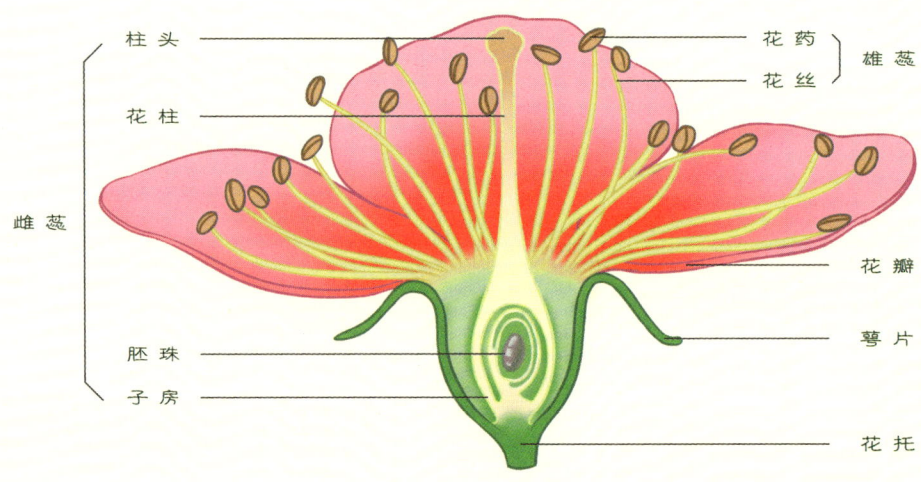

雄 蕊：花的雄性生殖器官，由花药和花丝组成。

雌 蕊：花的雌性生殖器官，典型的由柱头、花柱和子房组成。

花 瓣：花冠的单个裂片或部分。

花 托：着生花部器官的花梗部分。

花序类型　若干朵花按一定次序和形式着生于共同的花序轴上就构成了花序。

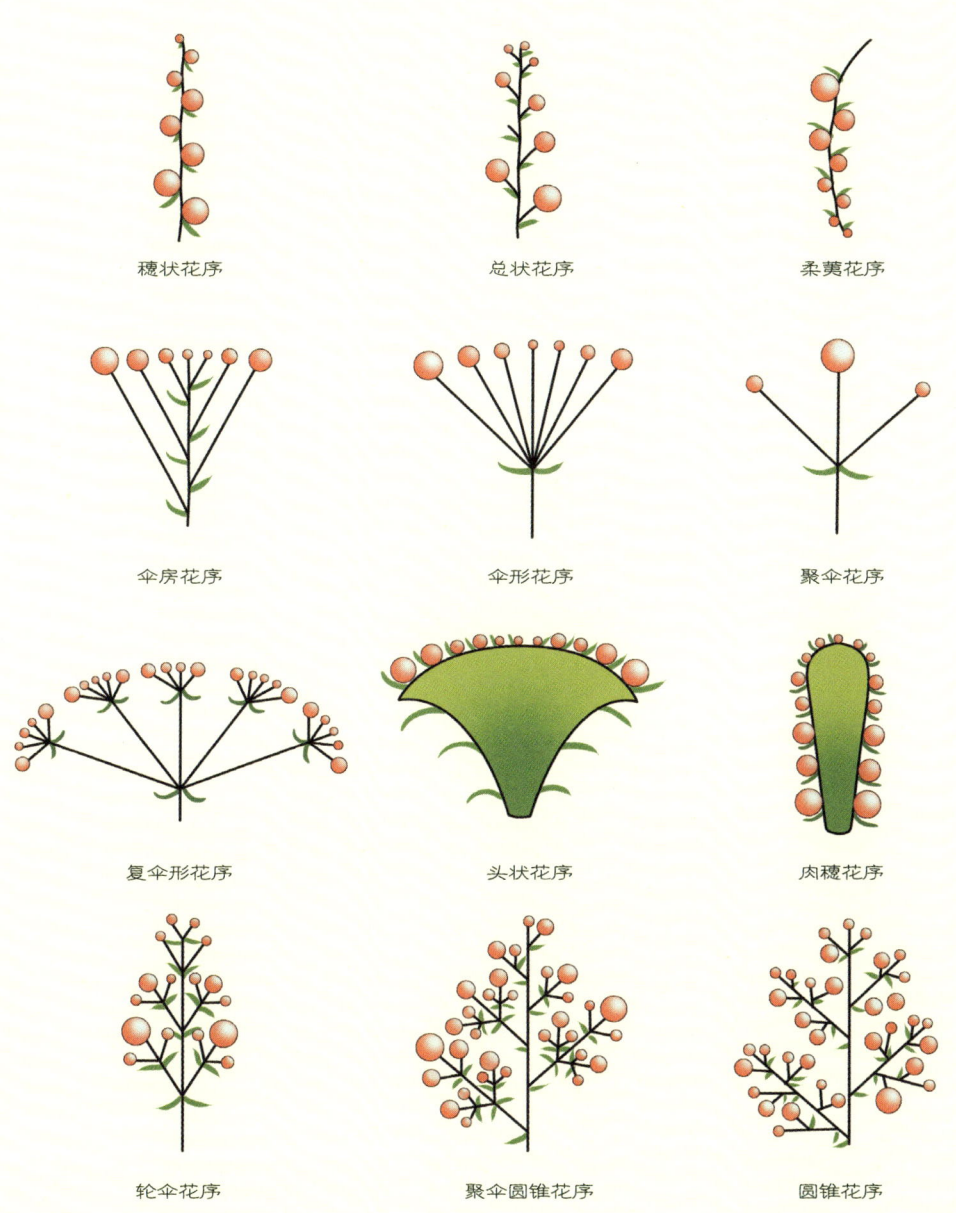

叶的基础知识

叶的结构　　叶是植物进行光合作用、制造养料、进行气体交换和水分蒸腾的重要器官。

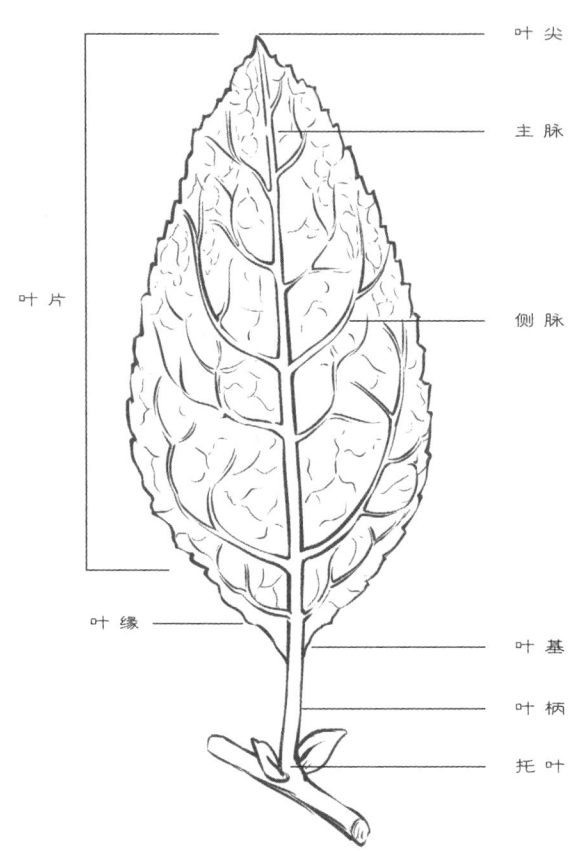

叶　尖：距叶着生点最远的位点。

叶　缘：叶片的边缘。

叶　柄：叶的柄。

托　叶：某些叶柄基部成对的叶状附属物。

主　脉：网状脉的叶片中，叶片中央自叶柄至叶端的一条茎脉。

侧　脉：网状脉的叶片中，从主脉分出的叶脉。

叶　基：叶片的基部。

叶型 按照同一个叶柄生长的叶子数目来分类。

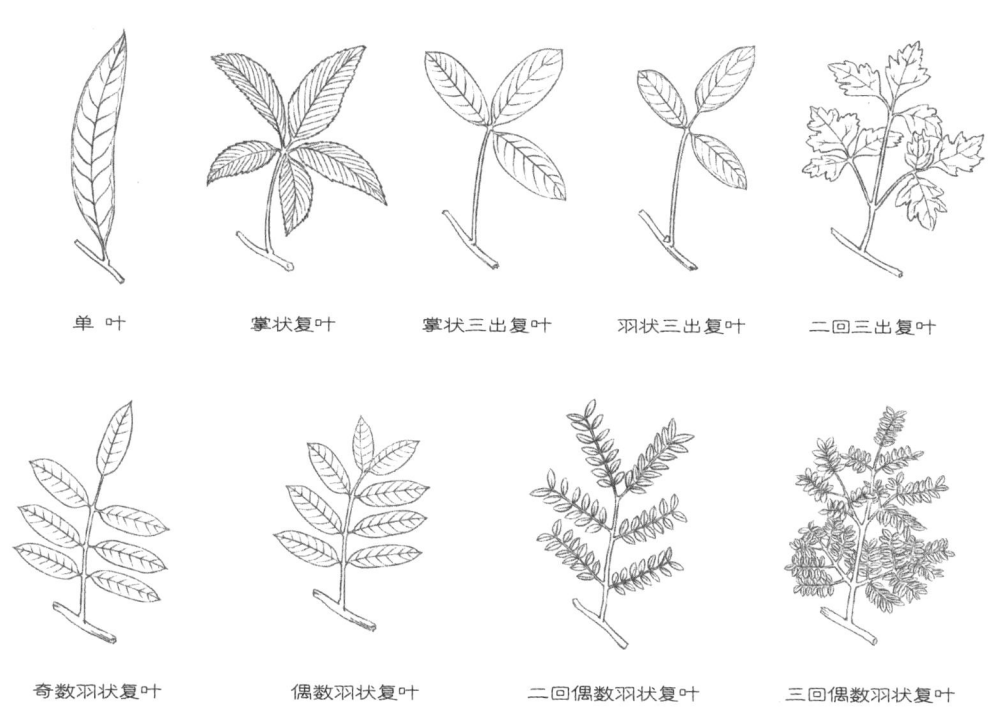

单叶　　掌状复叶　　掌状三出复叶　　羽状三出复叶　　二回三出复叶

奇数羽状复叶　　偶数羽状复叶　　二回偶数羽状复叶　　三回偶数羽状复叶

叶序 叶在茎上排列的方式称为叶序。

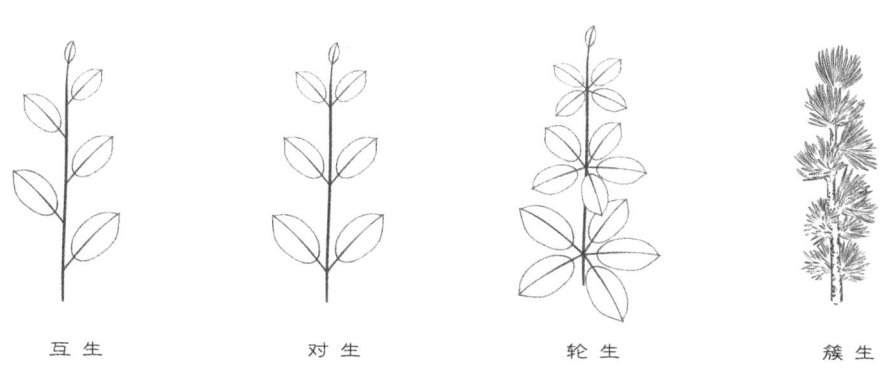

互生　　对生　　轮生　　簇生

叶形 叶的形状，即叶片的轮廓。

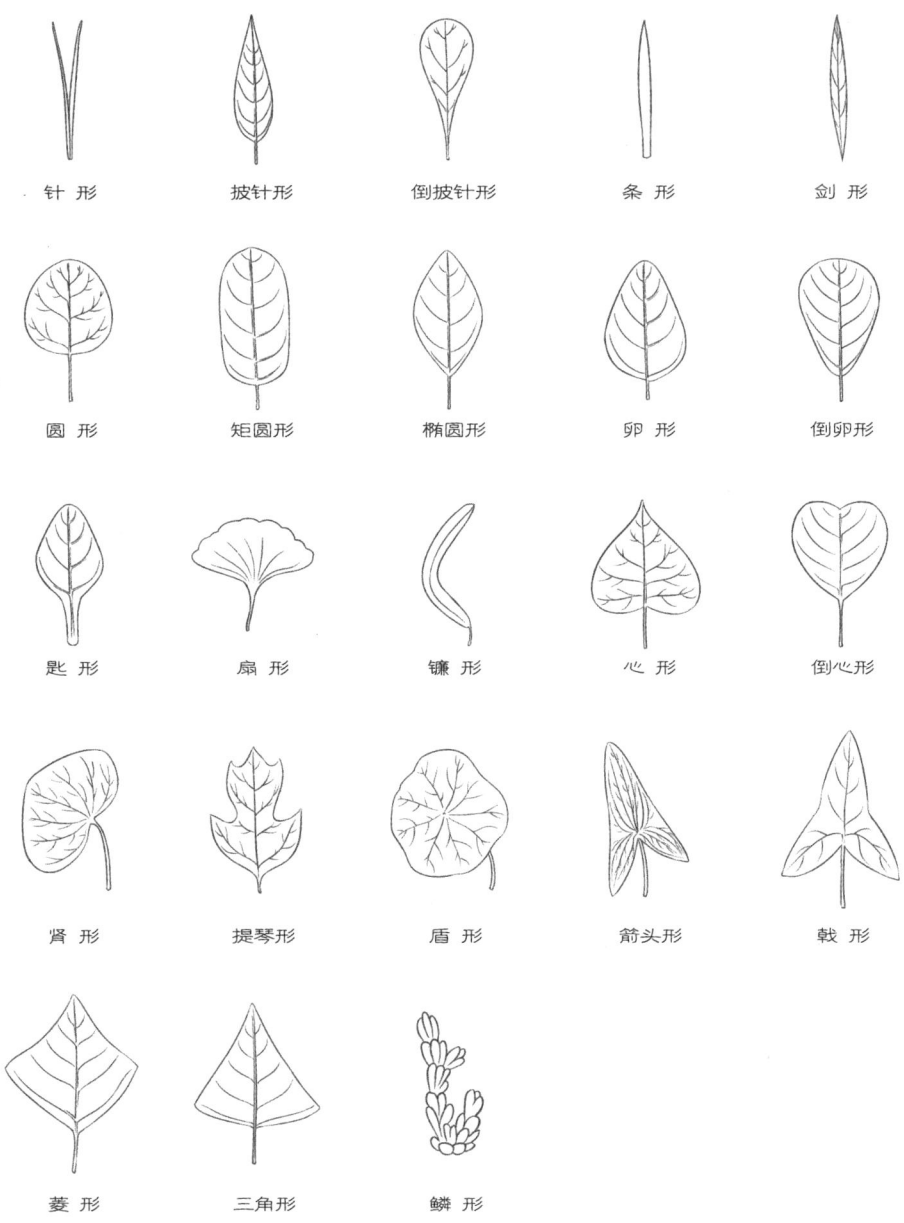

叶缘 按叶片边缘的形状和分裂的程度来分类。

果的基础知识

果实类型　果实是被子植物的雌蕊经过传粉受精由子房或花的其他部分参与发育而成的器官。

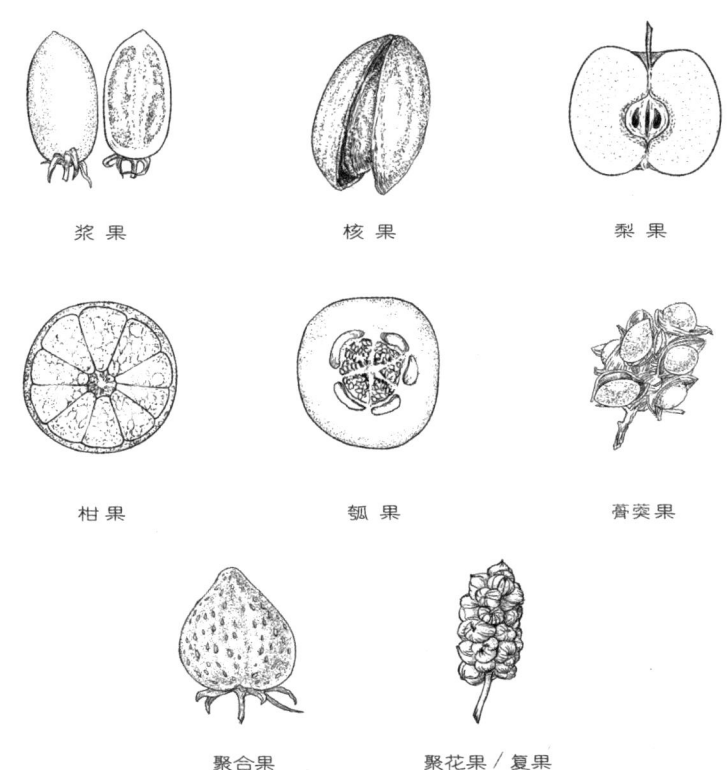

浆果　　核果　　梨果

柑果　　瓠果　　蓇葖果

聚合果　　聚花果/复果

浆　果：柔软多汁的肉质果，含一至多粒种子，如番茄、海桑。

核　果：具有坚硬果核的肉质果实，如桃、李、秤星树。

梨　果：由花筒和子房联合发育而成的假果，外果皮、中果皮均肉质化，如苹果、豆梨。

柑　果：柑橘类特有的一类肉质果，外果皮厚，外表革质，内部分布许多油囊，如柑橘。

瓠　果：由下位子房发育而成的假果，果壁坚硬，中果皮、内果皮肉质，如黄瓜。

蓇葖果：果形多样，皮较厚，单室，成熟时仅沿一个缝线裂开，如八角茴香、羊角拗。

聚合果：通常指由单花的许多离生雌蕊形成的一簇或一组小型肉质果，如草莓、空心泡。

聚花果：由聚集在单个花轴上的几个分离花形成的果实，如桑葚。

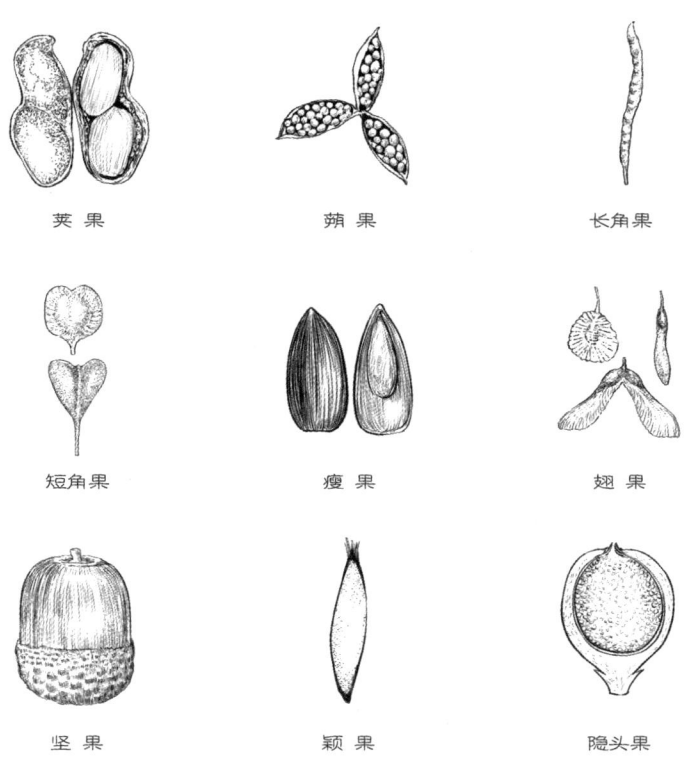

荚 果　　　蒴 果　　　长角果

短角果　　　瘦 果　　　翅 果

坚 果　　　颖 果　　　隐头果

荚　果：成熟后果皮沿背缝和腹缝两面开裂，如花生、刺果苏木。
蒴　果：由两个或多个心皮形成的开裂干果，开裂方式多样，如棉花、吊钟花。
长角果：果实细长的开裂干果，成熟时从基部向上部裂开，如白菜、萝卜。
短角果：扁平的开裂干果，顶端下凹，边缘有宽翅，开裂方式同长角果，如荠菜。
瘦　果：不开裂小干果，只有一枚种子，仅在一点跟子房壁相连，如苍耳。
翅　果：不开裂的干果，果皮的一部分向外扩延成翼翅，如榆、罗浮槭。
坚　果：不开裂的、通常具有单个种子的坚硬干果，外面常包有壳斗，如板栗、黧蒴锥。
颖　果：种皮和果皮愈合，具一枚种子的不开裂干果，如水稻、红毛草。
隐头果：由具中空内陷花序托的整个成熟花序形成，果生在花序托内部，如无花果、粗叶榕。

目录

序 ··· 1
致读者 ·· 2
如何使用本书 ··· 4
检索顺序 ·· 6
常用植物术语图解 ··· 8

白色

乔木

深山含笑 ·· 3
木荷 ·· 5
木油桐 ··· 7
海杧果 ··· 9
毛八角枫 ··· 11
山油柑 ·· 13
海桑 ··· 15
豆梨 ··· 17

灌木

野茉莉 ·· 19
天料木 ·· 21
秤星树 ·· 23
齿缘吊钟花 ·· 25
岗松 ··· 27
赤楠 ··· 29

秋茄树	31
石斑木	33
栀子	35
水团花	37
香港大沙叶	39
草海桐	41
朱砂根	43
山血丹	45
莲座紫金牛	47
牛茄子	49
金樱子	51

草本

垂序商陆	53
车前	55
石萝藦	57
鬼针草	59
苍耳	61
金线兰	63
石仙桃	65
鹅毛玉凤花	67
密花石豆兰	69
蕺菜	71
虎杖	73
火炭母	75
杠板归	77
芳香石豆兰	79

藤本
倒地铃 ………………………………………… 81
球兰 …………………………………………… 83
白花油麻藤 …………………………………… 85
山橙 …………………………………………… 87
蔓九节 ………………………………………… 89
华南忍冬 ……………………………………… 91
锡叶藤 ………………………………………… 93
微甘菊 ………………………………………… 95
无根藤 ………………………………………… 97
马㼎儿 ………………………………………… 99
龙珠果 ………………………………………… 101

橙色

草本
橙黄玉凤花 …………………………………… 105

红色

乔木
银叶树 ………………………………………… 109
杨梅 …………………………………………… 111

灌木
杜鹃 …………………………………………… 113

草本
红毛草 ………………………………………… 115

藤本
紫玉盘 ………………………………………… 117

山椒子 ………………………………… 119

黄色
乔木
鳖萌锥 ………………………………… 123
罗浮柿 ………………………………… 125
岭南山竹子 …………………………… 127
木竹子 ………………………………… 129
野漆 …………………………………… 131
土沉香 ………………………………… 133
山乌桕 ………………………………… 135
五月茶 ………………………………… 137
露兜树 ………………………………… 139
余甘子 ………………………………… 141
破布叶 ………………………………… 143

灌木
山鸡椒 ………………………………… 145
三桠苦 ………………………………… 147
黄槿 …………………………………… 149
盐肤木 ………………………………… 151
白背叶 ………………………………… 153
黑面神 ………………………………… 155
黄花倒水莲 …………………………… 157
细轴荛花 ……………………………… 159
草珊瑚 ………………………………… 161
粗叶榕 ………………………………… 163

草本
猪屎豆 ………………………………… 165

苦蘵	167
华重楼	169
山菅	171
流苏贝母兰	173
苞舌兰	175
马齿苋	177
海芋	179
金钱蒲	181
香港凤仙花	183
蛇莓	185
酢浆草	187

藤本

多花勾儿茶	189
鸡柏紫藤	191
假鹰爪	193
薜荔	195
菝葜	197
娃儿藤	199
牛眼马钱	201
弓果藤	203
两面针	205
野木瓜	207
钩吻	209
石柑子	211
匙羹藤	213
鹿藿	215
粪箕笃	217
木鳖子	219
鳝藤	221

羊角拗 223

紫红

乔木
假苹婆 227
红花荷 229
黄牛木 231
木榄 233

灌木
水东哥 235
毛棉杜鹃花 237
吊钟花 239
毛菍 241
野牡丹 243
棱果花 245
地菍 247
地桃花 249
山芝麻 251
桃金娘 253

草本
四子马蓝 255
华凤仙 257
红孩儿 259
半边莲 261
唇柱苣苔 263
圆叶节节菜 265
紫纹兜兰 267

鹤顶兰 ……………………………… 269
竹叶兰 ……………………………… 271
红花酢浆草 ………………………… 273
土人参 ……………………………… 275
积雪草 ……………………………… 277
野菰 ………………………………… 279
匙叶茅膏菜 ………………………… 281
含羞草 ……………………………… 283
香港双蝴蝶 ………………………… 285
青葙 ………………………………… 287

藤本
亮叶鸡血藤 ………………………… 289
厚藤 ………………………………… 291
五爪金龙 …………………………… 293
海刀豆 ……………………………… 295
鸡矢藤 ……………………………… 297

紫蓝

灌木
老鼠簕 ……………………………… 301
牡荆 ………………………………… 303
单叶蔓荆 …………………………… 305

草本
韩信草 ……………………………… 307
桔梗 ………………………………… 309
毛麝香 ……………………………… 311
鸭跖草 ……………………………… 313

蕨类和裸子植物

乔木
马尾松 …… 317
杉木 …… 319

草本
深绿卷柏 …… 321
翠云草 …… 323
乌毛蕨 …… 325
芒萁 …… 327
石韦 …… 329
伏石蕨 …… 331

藤本
罗浮买麻藤 …… 333

陆生植物家族兴衰史 …… 335

植物的生存智慧 …… 339

科属索引花期表 …… 345

植物名中文索引 …… 351

参考文献 …… 355

白花油麻藤
Mucuna birdwoodiana Tutcher

深山含笑
Michelia maudiae Dunn

花期

| 1 |
| 2 |
| 3 |
| 4 |
| 5 |
| 6 |
| 7 |
| 8 |
| 9 |
| 10 |
| 11 |
| 12 |

深山含笑的花

别名：莫夫人含笑、光叶白兰
科属：木兰科含笑属
类型：乔木
生态环境及分布：
生于林中。分布于中国华南、华中及西南。
果期：9月~10月
花色：白色
果实形态：聚合果穗状

乔木，高达 20 米，各部均无毛；树皮薄、浅灰色或灰褐色；芽、嫩枝、叶下面、苞片均被白粉。叶革质，长圆状椭圆形，长 7~18 厘米，宽 3.5~8.5 厘米，先端骤狭短渐尖，基部楔形，上面深绿色，有光泽，下面灰绿色，被白粉，侧脉每边 7~12 条，叶柄长 1~3 厘米。花芳香，花被片 9 枚，纯白色，基部稍呈淡红色，外轮呈倒卵形，长 5~7 厘米，宽 3.5~4 厘米；雄蕊长 1.5~2.2 厘米，药隔伸出长 1~2 毫米的尖头，花丝宽扁，淡紫色，长约 4 毫米；雌蕊群长 1.5~1.8 厘米；雌蕊群柄长 5~8 毫米。聚合果穗状长 7~15 厘米，蓇葖长圆体形，种子红色，斜卵圆形，稍扁。

深山含笑是深圳早春开花的植物之一。每年刚踏入新年，即如期开放，香气弥漫。如果天气晴朗，可以在梧桐山海拔 800 米处观看到大片的野生深山含笑群落。

深山含笑

木荷

Schima superba Gardner et Champ.

花期

1
2
3
4
5
6
7
8
9
10
11
12

木荷的花

别名：荷木、荷树

科属：山茶科木荷属

类型：乔木

生态环境及分布：生于低海拔次生林中。分布于中国华东、华南、西南、华中。

果期：10月~11月

花色：白色

果实形态：蒴果椭圆形

木荷的果

木荷

大乔木，高25米，嫩枝通常无毛。叶革质或薄革质，椭圆形，长7~12厘米，宽4~6.5厘米，先端尖锐，基部楔形，上面干后发亮，下面无毛，侧脉7~9对，边缘有钝齿；叶柄长1~2厘米。花生于枝顶叶腋，常多朵排成总状花序，直径3厘米，白色，花柄长1~2.5厘米，纤细，无毛；苞片2枚，贴近萼片，长4~6毫米，早落；萼片半圆形，长2~3毫米，外面无毛，内面有绢毛；花瓣长1~1.5厘米，边缘有毛；子房有毛；蒴果直径1.5~2厘米，成熟后5裂。

木荷的蒴果是农村儿童很好的玩具之一。用锥子把木荷果实中的中轴胎座打通留一小孔，插上铁丝，便成了简易版的"陀螺"，在地上高速旋转，让人感觉其乐无穷。

木油桐
Vernicia montana Lour.

花期

1
2
3
4
5
6
7
8
9
10
11
12

木油桐的果实

别名：千年桐、广东油桐、皱桐

科属：大戟科油桐属

类型：乔木

生态环境及分布：
生于疏林中。分布于中国华南、华东、西南。

果期：7月~10月

花色：白色

果实形态：核果卵球形

木油桐的花

木油桐

常绿乔木，高 10~18 米。叶互生，阔卵形，长 10~20 厘米，宽 8~20 厘米，全缘或呈 4~7 裂，掌状脉 5 条，叶柄顶端具有 2 枚杯状腺体。花雌雄异株，偶有雌雄同株；花瓣白色，基部紫红色脉纹，雌花呈圆锥花序。核果卵球状，果皮有纵棱和网状皱纹；种子 3 颗，扁球形，有瘤体或疣突。

桐花似雪，年年纷飞。每年 4 月末，落花纷飞如雪铺满地，深受人们喜欢。人们容易把木油桐和同科同属植物油桐【*Vernicia fordii* (Hemsl.) Airy-Shaw】混淆，两者花相似，但果实差异大。油桐果实表面光滑，而木油桐表面有明显的纵棱和网状皱；两者都可以提炼工业用油料，果实有毒，人食 5~6 粒种子即可中毒，症状为腹痛、呕吐、腹泻、头晕、口渴以致虚脱。

海杧果
Cerbera manghas L.

花期

1
2
3
4
5
6
7
8
9
10
11
12

海杧果的花

别名：牛心茄子、山芒果

科属：夹竹桃科海杧果属

类型：乔木

生态环境及分布：
常生海边或者近海边湿润地方。分布于中国台湾、广东、广西和亚洲其他热带地区。

果期：7月~次年4月

花色：白色

果实形态：核果球形

海杧果的果实

海杧果的植株

常绿乔木，高4~8米，树皮灰褐色；枝轮生，具乳汁，无毛。叶互生，倒卵状长圆形至披针形，长6~37厘米，宽2.3~7.8厘米，基部楔形，先端钝，无毛，侧脉每边有12~30条。聚伞花序顶生；花冠白色，喉部红色，高脚碟状，花冠裂片5枚，倒卵状镰刀形，向左覆盖；雄蕊5枚生于冠筒喉部。核果单生或者双生，近球形，成熟时橙色，平滑，种子1颗。

常生海边或者近海边湿润地方，是红树林混生植物之一。

海杧果的果实硕大，成熟时为橙黄色，外形跟我们日常食用的杧果（*Mangifera indica* L.）相似，但它含有一种被称作"海杧果毒素"的剧毒物质，一般在食用后3~6小时内便会毒性发作，严重者可致人死亡。

海杧果的果实内含1颗种子，果皮光滑，内为木质纤维层，使之能于海中保存一段时间而借助海流散布，是海岸植物传播种子的特殊方式。

毛八角枫
Alangium kurzii Craib

花期

| 1 | 2 | 3 | 4 | 5 | 6 | 7 | 8 | 9 | 10 | 11 | 12 |

毛八角枫的果实

别名： 长毛八角枫

科属： 山茱萸科八角枫属

类型： 乔木

生态环境及分布：
生山坡、灌丛或疏林中。分布于中国浙江、江西、湖南、云南、广西、广东。

果期： 9月

花色： 白色

果实形态： 核果椭圆形

毛八角枫的花

毛八角枫

　　落叶乔木，稀灌木，高3~10米；小枝褐黄色，密生黄色绒毛。叶互生，纸质，卵形或卵圆形，长8~14厘米，宽4~7厘米，先端渐尖，基部截形或心脏形，常不对称，全缘或稀具齿，下面密生黄色丝状绒毛；主脉3~5条；叶柄密生黄色柔毛。花5~9枚组成腋生的聚伞花序；总花梗和花梗均有黄色柔毛；花萼5~6片，外面有黄色短柔毛；花瓣5~6枚，条形，白色，反卷，长1.5~2厘米，外面密生黄色短柔毛；雄蕊与花瓣同数而稍短，花丝短，长为花药的一半，有毛，花药内面有黄色粗毛。核果矩圆形，熟后黑色，长约1厘米。

　　核果椭圆形或矩圆状椭圆形，幼时紫褐色，成熟后黑色，顶端有宿存的萼齿。种子油供工业用；根有毒，含生物碱。

山油柑
Acronychia pedunculata (L.) Miq.

花期

1
2
3
4
5
6
7
8
9
10
11
12

山油柑的花

别名：石苓舅、降真香

科属：芸香科山油柑属

类型：乔木

生态环境及分布：
生于丘陵坡地杂木林中。分布于中国广东、广西、云南；缅甸、印度、马来西亚、菲律宾。

果期：8月~12月

花色：白色

果实形态：核果球形

山油柑的果实

山油柑的植株

乔木，高5~10米。叶对生，纸质，矩圆形至长椭圆形，长6~15厘米，宽2.5~6厘米，全缘，上面青绿色，光亮，网脉两面浮凸；叶柄长1~2厘米，顶端有1结节。聚伞花序腋生，常生于枝的近顶部，花两性，青白色，花柄长0.4~0.8厘米，近无毛；萼片4枚，长0.1厘米；花瓣4枚，条形或狭矩圆形，两侧边缘内卷，长约0.6厘米，内面密被毛；雄蕊8枚，花丝中部以下两侧边缘被毛；子房密被毛，花柱细长。核果淡黄色，平滑，半透明，近圆球形而略有棱角，直径0.8~1厘米，果柄长0.5~0.8厘米；种子黑色，有肉质胚乳。鲜果可生吃，味清甜。

海桑
Sonneratia caseolaris (L.) Engl.

花期

1
2
3
4
5
6
7
8
9
10
11
12

海桑的果实

别名：剪宝树

科属：千屈菜科海桑属

类型：乔木

生态环境及分布：
生长于滨海和河流入海处两岸有潮水到达的淤泥滩。分布在中国广东、广西、海南、福建等省区。

果期：春、夏季

花色：花丝上部白色，下部红色

果实形态：浆果球形

海桑的呼吸根

海桑的花

乔木，高5~6米；小枝通常下垂，有隆起的节，幼时具钝4棱，稀锐4棱或具狭翅。叶形状变异大，阔椭圆形、矩圆形至倒卵形，长4~7厘米，宽2~4厘米，顶端钝尖或圆形，基部渐狭而下延成一短宽的柄，中脉在两面稍凸起，侧脉纤细，不明显；叶柄极短，有时不显著。花具短而粗壮的梗；萼筒平滑无棱，浅杯状，果实碟形，裂片平展，通常6瓣，内面绿色或黄白色，比萼筒长，花瓣条状披针形，暗红色，长1.8~2厘米，宽0.25~0.3厘米；花丝粉红色或上部白色，下部红色，长2.5~3厘米；花柱长3~3.5厘米，柱头头状。浆果球形，为宿萼所包围。

海桑的果实外形比同科植物无瓣海桑（Sonneratia petala Buch.-Ham）的果实大，有一条非常长的雌蕊宿存的柱头，一般花的雌蕊柱头结果后就脱落了，特征比较明显。嫩果有酸味，可食用。呼吸根置水中煮沸后可作软木塞的次等代用品。

海桑也是著名的红树林植物之一，是海岸的防护卫士。

乔木 Trees　16

豆梨

Pyrus calleryana Decne.

花期

1
2
3
4
5
6
7
8
9
10
11
12

豆梨的花

别名：山梨、鹿梨、刺仔、鸟梨

科属：蔷薇科梨属

类型：乔木

生态环境及分布：

生于海拔 80~1800 米温暖潮湿气候的山坡、沼地、杂木林中。分布于中国华南、华东、华中、华北。

果期：8月~9月

花色：白色

果实形态：梨果球形

豆梨的果实

豆梨的植株

乔木，高5~8米；枝粗壮，圆柱形，褐色，幼时有绒毛。叶片宽卵形或卵形，长4~8厘米，宽3.5~6厘米，先端渐尖，稀短尖，基部圆形或宽楔形，边缘有圆钝锯齿，两面无毛；叶柄长2~4厘米，无毛。伞形总状花序，有花6~12朵，直径4~6毫米，总花梗和花梗均无毛；花梗长1.5~3厘米；花白色，直径2~2.5厘米；雄蕊20枚，比花瓣稍短；花柱2个，有时3个，彼此不联合。梨果球形，直径1~2厘米，黑褐色，有斑点，萼裂片脱落；有细长果梗。

木材细密，可作器具，通常作沙梨砧木。

野茉莉
Styrax japonicus Siebold et Zucc.

花期

1
2
3
4
5
6
7
8
9
10
11
12

野茉莉的花

别名：耳完桃、君迁子

科属：安息香科安息香属

类型：灌木或小乔木

生态环境及分布：
生于林中。分布于中国华南、华东、华中及西南。

果期：9月~11月

花色：白色

果实形态：核果卵形

野茉莉的果实

野茉莉

　　灌木或小乔木，高4~8米，树皮暗褐色或灰褐色，平滑。叶互生，纸质或近革质，椭圆形或长圆状椭圆形至卵状椭圆形，长4~10厘米，宽2~5厘米，顶端急尖或钝渐尖，侧脉每边5~7条，细脉网状，较密。总状花序顶生，有花5~8朵；花白色，长2~2.8厘米，花梗纤细，下垂，长2.5~3.5厘米，无毛；花萼漏斗状，膜质，无毛，萼齿短而不规则；花冠裂片卵形、倒卵形或椭圆形，长1.6~2.5毫米，宽5~7毫米，两面均被星状细柔毛；花冠管长3~5毫米；花丝扁平。核果卵形，顶端具短尖头，密被灰色星状绒毛，有不规则皱纹；种子褐色，有深皱纹。

　　本种为本属在中国分布最广的一种，北自秦岭和黄河以南，东起山东、福建，西至云南东北部和四川东部，南至广东和广西北部。生于海拔400~1804米的林中，深圳梧桐山有分布。

　　花美丽芳香，可作庭园观赏植物。

天料木

Homalium cochinchinense (Lour.) Druce

花期

1
2
3
4
5
6
7
8
9
10
11
12

天料木

别名：越南天料木

科属：杨柳科天料木属

类型：灌木或小乔木

生态环境及分布：生于海拔 50~500 米的山坡林中、林缘和灌丛中。分布于中国江西、广西、广东、福建、海南、台湾。

果期：9月~12月

花色：白色

果实形态：蒴果倒圆锥形

灌木或小乔木，高 2~10 米；树皮灰褐色；小枝幼时生黄色短柔毛，老时毛脱落。叶片纸质，椭圆形至倒卵状矩圆形，长 6~15 厘米，宽 3.5~7 厘米，顶端锐尖或短渐尖，基部阔楔形，边缘有锯齿，两面沿脉上有短柔毛；叶柄短，长 2~3 毫米。总状花序穗状，腋生，长 5~15 厘米；花白色；花瓣 6~8 枚，匙形，长 3~4 毫米，外面近无毛，边缘有睫毛；雄蕊 6~8 枚，与花瓣对生；子房被毛，花柱通常 4 个。蒴果倒圆锥形，为宿存、增大的萼裂片和花瓣所围绕。

天料木是名贵用材树种，树冠呈塔形，树姿优美，花期几乎全年，花色洁白淡雅，极具观赏价值，为优良的乡土绿化树种。

天料木

秤星树

Ilex asprella (Hook.et Arn.) Champ. ex Benth.

花期

1
2
3
4
5
6
7
8
9
10
11
12

秤星树的花

别名：梅叶冬青、岗梅、苦梅根

科属：冬青科冬青属

类型：灌木

生态环境及分布：
生于山地疏林或路旁灌丛中。分布于中国浙江、江西、福建、湖南、广东、广西、香港。

果期：4月~10月

花色：白色

果实形态：核果球形

秤星树的果实

秤星树的整株

秤星树的树干

秤星树的皮孔斑点

落叶灌木，高3米。具长短枝和淡色皮孔。叶在长枝上互生，短枝上簇生；托叶小，卵形或卵状椭圆形，长4~6厘米，宽2~3.5厘米，边缘具锯齿，叶面绿色，被微柔毛，背面淡绿色，无毛。花单性，雌雄异株，雌花单生于叶腋内；雄花冠白色，基部合生。核果黑色，球形，基部有宿存花萼，顶端具宿存柱头。

秤星树的核果球形，初时青色，成熟后紫黑色，果梗较长，长2~3厘米。因其小枝光滑呈褐色似秤杆，皮孔斑点似秤点而得名。同时，它是著名的广州老牌亚洲汽水——"沙示（SARSAE）"的原材料之一，汽水口感有点像风油精。

齿缘吊钟花

Enkianthus serrulatus (E.H.Wilson) C.K.Schneid.

花期

1
2
3
4
5
6
7
8
9
10
11
12

齿缘吊钟花

别名：齿叶吊钟花

科属：杜鹃花科吊钟花属

类型：灌木

生态环境及分布：
生于山坡。分布于中国华南、华东、华中及西南。

果期：5月~11月

花色：白色

果实形态：蒴果椭圆形

落叶灌木，高2~6米；全体无毛。叶簇生于枝顶，矩圆形，长6~9厘米，宽2.8~4厘米，短渐尖或近急尖，厚纸质，不发光亮，边缘不反卷，全部有细锯齿，两面无毛，网脉明显，但不强度隆起；叶柄长6~12毫米，无毛。花钟状，白色，下垂，2~6朵成顶生伞形花序，花先于叶开放。蒴果椭圆形，长达7毫米，有5棱，室背5裂；果柄直立，长2~3厘米，粗壮。

齿缘吊钟花与同属植物吊钟花（*Enkianthus quinqueflorus* Lour.）相比，花期要稍微晚一个月开放，每年3月开始盛开，主要分布在深圳盐田区梅沙尖、三洲田一带，海拔300~500米山坡。

齿缘吊钟花

岗松
Baeckea frutescens L.

花期

1
2
3
4
5
6
7
8
9
10
11
12

岗松

别名：蚊松、扫把枝

科属：桃金娘科岗松属

类型：灌木

生态环境及分布：
生于山坡酸性红土壤上。分布于中国广西、广东、福建和江西；东南亚也有分布。

果期：7月~10月

花色：白色

果实形态：蒴果球形

灌木，多分枝，高30~150厘米。叶对生，条形或条状锥形，长5~8毫米，宽4~6毫米，顶端急尖，上面有槽，下面隆起，具短柄。花单生于叶腋，两性，白色，直径2~3毫米，花梗长约1毫米，基部有2枚小苞片；萼筒钟形，长约1毫米，裂片5枚，膜质，三角形，宿存；花瓣5枚，近圆形，长约1毫米；雄蕊10枚，较少8枚，短于花瓣；子房下位，3室，每室有2胚珠。蒴果很小，球形，长约1毫米，上部开裂；种子有角。

岗松的枝叶可编扫帚，也可提取芳香油及制栲胶；叶含小茴香醇。

岗松

赤楠
Syzygium buxifolium Hook. et Arn.

花期

| 1 | 2 | 3 | 4 | 5 | 6 | 7 | 8 | 9 | 10 | 11 | 12 |

赤楠的花

别名：黄杨叶蒲桃、假黄杨

科属：桃金娘科蒲桃属

类型：灌木或小乔木

生态环境及分布：
生于海拔50~900米的疏林及灌丛中。分布于中国华南、华中。

果期：9月~12月

花色：白色

果实形态：浆果球形

赤楠的果实

赤楠

灌木或小乔木；嫩枝有棱，干后黑褐色。叶片革质，阔椭圆形至椭圆形，有时阔倒卵形，长1.5~3厘米，宽1~2厘米，先端圆或钝，有时有钝尖头，基部阔楔形或钝，上面干后暗褐色，无光泽，下面稍浅色，有腺点，侧脉多而密，脉间相隔1~1.5毫米，斜行向上，离边缘1~1.5毫米处结合成边脉，在上面不明显，在下面稍突起；叶柄长2毫米。聚伞花序顶生，长约1厘米，有花数朵；花梗长1~2毫米；花蕾长3毫米；萼管倒圆锥形，长约2毫米，萼齿浅波状；花瓣4枚，分离，长2毫米；雄蕊长2.5毫米；花柱与雄蕊同等数量。果实球形，直径5~7毫米。

赤楠的果实球形，成熟时候由紫红色转为亮黑色，有淡淡的甜味，可以鲜食或酿酒，果肉较少，不如桃金娘果实肉汁丰厚。

秋茄树
Kandelia obovata Sheue et al.

花期

1
2
3
4
5
6
7
8
9
10
11
12

秋茄树的花

别名：水笔仔、红浪

科属：红树科秋茄树属

类型：灌木或小乔木

生态环境及分布：
生于浅海和河流出口冲积带的盐滩。分布于中国华南区沿海。

果期：全年

花色：白色

果实形态：圆锥形

秋茄树的胚轴

秋茄树

秋茄树的幼苗

灌木或小乔木，高 2~3 米；树皮平滑，红褐色；枝粗壮，有膨大的节。叶椭圆形、矩圆状椭圆形或近倒卵形，长 5~9 厘米，宽 2.5~4 厘米，顶端钝形或浑圆，基部阔楔形，全缘，叶脉不明显；叶柄粗壮，长 1~1.5 厘米。二歧聚伞花序，有花 4~9 朵；总花梗长短不一，1~3 个着生上部叶腋，长 2~4 厘米；花具短梗；花萼裂片革质，长 1~1.5 厘米，宽 1.5~2 毫米，短尖，花后外反；花瓣白色，膜质，短于花萼裂片；雄蕊无定数，长短不一；花柱丝状，与雄蕊等长。果实圆锥形，胚轴细长，长 12~20 厘米。

在深圳红树林保护区和大鹏半岛坝光沿海滩涂上常见到原生秋茄树分布群落，和其他红树植物一起混生。

秋茄树是比较有代表性的红树林植物之一，主要表现在它的"胎生苗"特点上。其果实还挂在母树上时，种子已长出胚根，继续吸取足够的盐分以适应新环境。胎轴成熟后即脱离母株掉落于淤泥中，成为新的幼苗成长。

灌木 Shrubs

石斑木
Rhaphiolepis indica (L.) Lindl.

花期

1
2
3
4
5
6
7
8
9
10
11
12

石斑木的花

别名：车轮梅、春花
科属：蔷薇科石斑木属
类型：灌木
生态环境及分布：
分布于中国华南、华东及西南。
果期：7月~8月
花色：白色
果实形态：梨果球形

　　常绿灌木，高1~4米。叶聚生枝顶，革质，卵形，长2~8厘米，宽1.5~4厘米，叶缘中上部有细齿，表面有光泽，背面脉纹极明显。圆锥或总状花序顶生，花白色或粉红色，总花梗和花梗被锈色茸毛；雄蕊15枚，长于花瓣或与其等长。子房无毛，2或3室，每室具有2胚珠。梨果球形，紫黑色。

　　石斑木是华南地区常见的野生植物之一，每年新年后就开放，是春天的探路者，所以也叫"春花"。果实球形，直径约5毫米，初时青色，后浅红色，成熟时紫黑色，果微清甜，可鲜食，但核大，果肉不多。

石斑木的果实

栀子
Gardenia jasminoides J.Ellis

花期

| 1 | 2 | 3 | 4 | 5 | 6 | 7 | 8 | 9 | 10 | 11 | 12 |

栀子

别名：水黄枝、黄果子

科属：茜草科栀子属

类型：灌木

生态环境及分布：

生于海拔 10~1500 米处的旷野、山坡、灌丛或林中。分布于中国华南、华中、华东、西南、华北。

果期：5月~12月

花色：白色

果实形态：浆果卵形

栀子的花

栀子的果实

灌木，高1.8米，无刺或稀具刺。叶革质，极少数纸质，形状多样，常为长圆状披针形、倒卵形或者椭圆形，长3~25厘米，宽1.5~8厘米，全缘。花常单朵顶生；花冠高脚碟状，白色或者乳黄色。浆果卵形或者近球形，成熟时黄色或橙红色，长1.5~7厘米，直径1.2~2厘米，有翅状纵棱5~9条，顶部的宿存萼片长达4厘米，宽达6毫米；种子多数，扁，近圆形而稍有棱角。

栀子因其果实外形像古代酒器卮而得名，"栀"跟卮（zhī）同音。由最开始的绿色，渐变为浅黄最后变成橘黄色。成熟后的果实不仅可以药用，还可以提取天然色素做染料。据《汉官仪》记载："染园出栀、茜，供染御服。"说明古人很早就使用栀子染最高级的宫廷服装了。

水团花
Adina pilulifera (Lam.) Franch. ex Drake

花期

1
2
3
4
5
6
7
8
9
10
11
12

水团花

别名：水杨梅

科属：茜草科水团花属

类型：灌木或小乔木

生态环境及分布：
生长于海拔 200~350 米的山谷疏林下或旷野路旁、溪涧水畔。分布于中国长江以南各省区。

果期：7月~12月

花色：白色

果实形态：蒴果楔形

灌木或小乔木，高达 5 米；小枝近无毛。叶对生，薄纸质，倒披针形或矩圆状披针形，长 5~12 厘米，宽 1.5~3 厘米，两面无毛或下面的脉腋内有束毛，侧脉每边 8~10 条，纤细；叶柄长 3~10 毫米；托叶 2 裂，几达基部，裂片披针形，长 5~7 毫米。头状花序单生于叶腋，很少顶生，盛开时直径 1.5~2 厘米；总花梗长 2.5~4.5 厘米，被粉末状微毛，中部着生数枚苞片；花 5 数，白色，长 5~7 毫米，直径 2~3 毫米。蒴果长 2~3 毫米，具明显的纵棱。

根系发达，亦为良好的固堤植物。

水团花

香港大沙叶
Pavetta hongkongensis Bremek.

花期

| 1 |
| 2 |
| 3 |
| 4 |
| 5 |
| 6 |
| 7 |
| 8 |
| 9 |
| 10 |
| 11 |
| 12 |

香港大沙叶的花

别名：满天星、茜木
科属：茜草科大沙叶属
类型：灌木或小乔木
生态环境及分布：
生于灌丛及疏林中。分布于中国华南、云南。
果期：6月~12月
花色：白色
果实形态：核果球形

香港大沙叶的果实

香港大沙叶

香港大沙叶的叶子

灌木或小乔木，高通常不超过 5 米，有时可达 10 余米；嫩枝稍扁，常有棱角，无毛。叶对生，薄纸质，矩圆形至矩圆状披针形，长 8~15 厘米，宽 3~6.5 厘米，顶端渐尖，有时稍钝头，两面无毛或背面沿中脉被短柔毛，侧脉 7~8 对；叶柄长 1~2 厘米；托叶宽三角形，内面有白色长毛。聚伞花序顶生，稠密而多花，总花梗长 1~4 厘米；花梗细长；花萼小，无毛，裂片短；花冠长达 2 厘米，筒细长，裂片外反；花柱伸出，几乎比花冠长 1 倍。核果近球状，直径 6~7 毫米，成熟时呈黑色。

香港大沙叶的叶片表面常有固氮菌形成的菌瘤，呈点状，故有"满天星"之别名。

草海桐

Scaevola taccada (Gaertn.) Roxb.

花期

| 1 |
| 2 |
| 3 |
| 4 |
| 5 |
| 6 |
| 7 |
| 8 |
| 9 |
| 10 |
| 11 |
| 12 |

草海桐的花

别名：水草仔

科属：草海桐科草海桐属

类型：灌木

生态环境及分布：
常见于中国华南沿海沙滩、石砾地。分布于中国广东、福建、台湾。

果期：4月~12月

花色：白色

果实形态：核果球形

草海桐的果实

草海桐

灌木，高1~2米，直立，有时下部平卧；分枝圆柱形，叶腋处密生有柔毛。叶片带肉质，倒卵形或匙形，长10~18厘米，宽3.3~8厘米。聚伞花序腋生，花冠白色，带紫色，长约2厘米，外面无毛或有毛，筒上面开裂，内面有毛，檐部向一侧开展，裂片5枚，有翅。果实卵球形，长约1厘米。

草海桐的花冠奇特，花瓣5片呈扇形张开，像被削去了一半。圆形的果实成熟时由青色转为纯白色，生长在叶腋下面，像镶缀着一粒粒洁白的珍珠。果实肉质含丰富水分，多汁美味，可以鲜食。

生长迅速，是海岸固沙防潮的树种。

朱砂根
Ardisia crenata Sims

花期

1
2
3
4
5
6
7
8
9
10
11
12

朱砂根的花

别名：大罗伞、石青子

科属：报春花科紫金牛属

类型：灌木

生态环境及分布：
生长于疏林或密林下。分布于中国长江流域各省和福建、广西、广东、云南。

果期：10月~12月

花色：白色

果实形态：核果球形

常绿灌木，不分枝，高1~2米，有匍匐根状茎。叶革质或近纸质，椭圆形、椭圆状披针形或倒披针形，长8~15厘米，宽2~3.5厘米，急尖或渐尖，边缘皱波状或波状，两面有突起腺点，侧脉10~20对。花序伞形或聚伞状，花白色而微带粉红，裂片5枚，散生黑色腺点，开时反卷。核果球形，鲜红色，有腺点。

朱砂根的果成熟时颜色鲜红，可以鲜食，味道清甜；亦可以榨油。根横切面有血红色的小点，故名"朱砂根"。现有大量人工栽培作为家庭观赏植物，果实累累，颜色鲜红，寓意吉祥富贵，深受人们喜欢。

朱砂根的果实

山血丹
Ardisia lindleyana D.Dietr.

花期

| 1 |
| 2 |
| 3 |
| 4 |
| 5 |
| 6 |
| 7 |
| 8 |
| 9 |
| 10 |
| 11 |
| 12 |

山血丹的花

别名： 腺点紫金牛、百两金

科属： 报春花科紫金牛属

类型： 灌木

生态环境及分布：
生于山坡或山谷林下。分布于中国广东、广西、福建、浙江、江西、湖南。

果期： 10月~12月

花色： 白色

果实形态： 核果球形

山血丹的果实

山血丹

    常绿直立灌木，高 1~3 米，有匍匐根状茎，茎叶幼时被毛。叶革质，矩圆状狭椭圆形，长 10~15 厘米，宽 2~3.5 厘米，近全缘或微具微波状齿，边缘反卷，叶面无毛，背面被细微柔毛。花序近伞形，顶生于花枝上。花冠裂片卵形，急尖，有极少数黑腺点。花白色，裂片 5 枚，散生黑色腺点。核果球形，直径约 6 毫米，深红色，微肉质，具疏腺点。

莲座紫金牛
Ardisia primulifolia Gardner et Champ.

花期

| 1 |
| 2 |
| 3 |
| 4 |
| 5 |
| 6 |
| 7 |
| 8 |
| 9 |
| 10 |
| 11 |
| 12 |

莲座紫金牛的果实

别名：老虎毛虫药、落地紫金牛

科属：报春花科紫金牛属

类型：灌木

生态环境及分布：
生长于密林下阴湿的地方。分布于中国广东、广西、福建、湖南、四川、贵州等省区。

果期：11月~次年5月

花色：粉红色

果实形态：核果球形

矮小灌木或近草本；除花冠和果之外，全株疏被毛和多细胞的长毛。叶基生呈莲花状，叶片坚纸质或近膜质，椭圆形或长圆状倒卵形，长6~12厘米，宽3~5厘米，边缘有波状圆齿，有腺点，两面有卷缩分节的褐色毛。聚伞形花序，花从莲叶座叶腋中抽出，有花3~5朵，粉红色，广卵形，具黑色腺点。核果球形，稍肉质，鲜红色，具疏腺点。

蓮座紫金牛

牛茄子
Solanum capsicoides All.

花期

| 1 |
| 2 |
| 3 |
| 4 |
| 5 |
| 6 |
| 7 |
| 8 |
| 9 |
| 10 |
| 11 |
| 12 |

牛茄子的花

别名：癫茄、刺茄、番鬼茄

科属：茄科茄属

类型：灌木

生态环境及分布：
生于路旁荒地，疏林或灌丛中。
分布于中国华南、华东、西南。

果期：全年

花色：白色

果实形态：浆果扁球形

牛茄子的果实

牛茄子

直立灌木，高0.3~1米。植株各部均被具节的长柔毛及淡黄色直刺。叶阔卵形，长5~13厘米，宽4~12厘米，基部心形，有5~7裂，边缘浅波状，侧脉每边3~5条。聚伞花序腋生，短而少花，花冠白色，雄蕊5枚，子房无毛。浆果扁球形，幼时淡绿色，成熟时橙红色，种子扁薄，圆盘状。

浆果色彩鲜艳，可供欣赏。有毒，含龙葵碱，误食会引起人畜中毒。

金樱子
Rosa laevigata Michx.

花期

1
2
3
4
5
6
7
8
9
10
11
12

金樱子的花

别名：糖罐头、刺梨子

科属：蔷薇科蔷薇属

类型：灌木

生态环境及分布：
生于山地丘陵平地的林中或灌丛。分布于中国华南、华中、华东以及西南。

果期：7月~11月

花色：白色

果实形态：蔷薇果倒卵形

常绿攀缘灌木，高达5米；小枝粗壮，有疏钩刺。3小叶复叶互生；小叶革质，常3片，卵形椭圆形至卵状披针形，长2~7厘米，宽1.5~4.5厘米，边缘具细齿状锯齿；叶柄和叶轴具小皮刺和刺毛。花大，白色，单生于叶腋，花梗和萼筒外面均密生刺毛。蔷薇果倒卵形，深橘黄色，外密被刺毛，有宿存、直立萼片。

金樱子是比较受欢迎的野果之一，成熟时颜色深橘黄色，布满强刺，可鲜食、酿酒。

金樱子的果实

垂序商陆
Phytolacca americana L.

花期

| 1 | 2 | 3 | 4 | 5 | 6 | 7 | 8 | 9 | 10 | 11 | 12 |

垂序商陆的果实

别名：美洲商陆、洋商陆

科属：商陆科商陆属

类型：草本

生态环境及分布：
原产于美洲，后引入栽培，在中国广东、江西、福建、湖北、云南等省区均有栽培，或逸生。

果期：8月~10月

花色：白色

果实形态：浆果扁球形

垂序商陆的花

垂序商陆

多年生草本，高1~2米。根肥大，倒圆锥形。茎直立或披散，圆柱形，有时带紫红色。叶大，长椭圆形或卵状椭圆形，质柔嫩，长15~30厘米，宽3~10厘米。总状花序直立，顶生或侧生，长约15厘米；先端急尖。总状花序顶生或侧生；花序梗长4~12厘米；花白色，微带红晕。果序下垂，轴不增粗；浆果扁球形，熟时紫黑色；种子平滑。

垂序商陆的浆果果序下垂，成熟时由青色变为紫黑色，有光泽，多汁。全株有毒，根和果实最毒，含多种毒皂甙，谨防误食引起中毒。

车前
Plantago asiatica L.

花期

| 1 | 2 | 3 | 4 | 5 | 6 | 7 | 8 | 9 | 10 | 11 | 12 |

车前

别名：蛤蟆叶、车轱辘菜
科属：车前科车前属
类型：草本
生态环境及分布：生于路边、沟旁、田埂等处。分布于中国各省区。
果期：6月~9月
花色：白色
果实形态：蒴果椭圆形

多年生草本，高20~60厘米，有须根。基生叶直立，卵形或宽卵形，长4~12厘米，宽4~9厘米，顶端圆钝，边缘近全缘、波状，或有疏钝齿至弯缺，两面无毛或有短柔毛；叶柄长5~22厘米。花茎数个，直立，长20~45厘米，有短柔毛；穗状花序占上端1/3~1/2长，具绿白色疏生花；苞片宽三角形，较萼裂片短，二者均有绿色宽龙骨状突起；花萼有短柄，裂片倒卵状椭圆形至椭圆形，长2~2.5毫米；花冠裂片披针形，长1毫米。蒴果椭圆形，长约3毫米，周裂；种子5~6颗，矩圆形，长约1.5毫米，黑棕色。

相传西汉霍去病跟匈奴抗战中，时值夏季，水源不足，士兵纷纷出现尿赤、尿痛等症状，后来马夫无意中发现马匹们安然无恙是因为吃了战车前的一种野草，于是汇报给霍去病，大家效仿吃这种野草，果然病除，因此得名"车前草"。

车前

石萝藦
Pentasachme caudatum Wall. ex Wight

花期

1
2
3
4
5
6
7
8
9
10
11
12

石萝藦的花

别名：水杨柳

科属：夹竹桃科石萝藦属

类型：草本

生态环境及分布：
生于石缝、林谷、溪边。分布于中国华南和西南；越南也有分布。

果期：7月~次年4月

花色：白色

果实形态：蓇葖果披针形

多年生直立草本，高30~80厘米，通常不分枝。叶膜质，狭披针形，长4~16厘米，宽0.5~1.5厘米，顶端长尖，基部急尖；中脉两面凸起，侧脉不明显；叶柄极短，长1~2毫米。伞形状聚伞花序腋生，着花4~8朵；花长1厘米，直径5毫米；花萼裂片狭披针形，长约1.5毫米；花冠白色，裂片狭披针形，长6毫米，基部略宽；副花冠成5鳞片，顶端具细齿，着生于花冠湾缺处，与花冠裂片互生。蓇葖双生，圆柱状披针形；种子小，顶端具白色绢质种毛。

石萝藦的果实

鬼针草
Bidens pilosa L.

花期

| 1 | 2 | 3 | 4 | 5 | 6 | 7 | 8 | 9 | 10 | 11 | 12 |

鬼针草的花

别名：一包针、粘人草

科属：菊科鬼针草属

类型：草本

生态环境及分布：
生长于路边荒地上。原产于美洲热带，逸为野生。分布于中国华南、华东、西南、华北等。

果期：6月~11月

花色：白色

果实形态：瘦果条形

鬼针草的果实

鬼针草

一年生草本，高30~100厘米。中部叶对生，3深裂或羽状分裂，裂片卵形或卵状椭圆形，顶端尖或渐尖，基部近圆形，边缘有锯齿或分裂；上部叶对生或互生，3裂或不裂。头状花序直径约8毫米；总苞基部被细软毛，外层总苞片7~8枚，匙形，绿色，边缘具细软毛；舌状花白色或黄色，有数个不发育；筒状花黄色，长约4.5毫米，裂片5枚。瘦果条形，具4棱，稍有硬毛；冠毛芒状，3~4枚，芒刺上具倒刺毛。

苍耳
Xanthium strumarium L.

花期

| 1 | 2 | 3 | 4 | 5 | 6 | 7 | 8 | 9 | 10 | 11 | 12 |

苍耳的果实

别名：痴头婆、虱马头

科属：菊科苍耳属

类型：草本

生态环境及分布：
生于平原、丘陵、低山、荒野、路边、沟旁、田边、草地、村旁等处。分布于中国华南、华北、西南、东北。

果期：9月~10月

花色：白色

果实形态：瘦果倒卵形

苍耳的果实粘在衣服上

苍耳干枯的果实

一年生草本,高达90厘米。叶三角状卵形或心形,长4~9厘米,宽5~10厘米,基出三脉,两面被贴生的糙伏毛。雄头状花序球形,密生柔毛;雌头状花序椭圆形。成熟的具瘦果的总苞变坚硬,绿色、淡黄色或红褐色,外面疏生具钩的总苞刺;瘦果2,倒卵形。

苍耳的瘦果外面布满了倒钩的苞刺,成熟时呈褐色。当人或牲口走过它们身边时,衣服或者身上会被其瘦果粘上,非常紧,难以取下,所以它又名"痴头婆";可以通过人或牲口将其携带到更远的地方,扩大生存范围。

全株有毒,果实尤甚,含苍术甙、苍耳内酯等。

金线兰
Anoectochilus roxburghii (Wall.) Lindl.

花期

| 1 |
| 2 |
| 3 |
| 4 |
| 5 |
| 6 |
| 7 |
| 8 |
| 9 |
| 10 |
| 11 |
| 12 |

金线兰的幼苗

别名：花叶开唇兰

科属：兰科金线兰属

类型：草本

生态环境及分布：
生于海拔 50~1600 米的常绿阔叶林下或沟谷阴湿处。分布于中国广东、广西、福建、江西、浙江、云南、四川。

果期：9月~10月

花色：白色

果实形态：蒴果卵圆形

　　地生兰，草本，植株高8~18厘米。根状茎匍匐，伸长。茎下部具2~4枚叶。叶具柄，卵椭圆形，长1.5~3.5厘米，宽1~3厘米，急尖，上面呈黑紫色并有金黄色的脉网，背面带淡紫红色。总状花序具2~6朵疏散的花，花序轴被柔毛；花苞片淡紫色，卵披针形；萼片淡紫色，外面被短柔毛，中萼片卵形，向内凹陷，长6毫米，顶端钝；侧萼片矩圆状椭圆形，稍偏斜，较长而稍狭，顶端稍尖；花瓣近镰刀形，短于萼片并和中萼片呈兜；唇瓣2裂，裂片舌状条形，顶端钝，长6毫米，宽1.5毫米，具爪，爪长5毫米，每侧具6条流苏，基部具距，距长6~7毫米，指向唇瓣，胼胝体生于距的中部。蒴果卵圆形。

　　金线兰的叶面呈暗紫红色，上面具有金黄色脉网，非常美丽，所以得名"金线兰"。

石仙桃
Pholidota chinensis Lindl.

花期

| 1 |
| 2 |
| 3 |
| 4 |
| 5 |
| 6 |
| 7 |
| 8 |
| 9 |
| 10 |
| 11 |
| 12 |

石仙桃的蒴果

别名：石上仙桃、石橄榄

科属：兰科石仙桃属

类型：草本

生态环境及分布：
生于林中或林缘树上、岩壁上或岩石上，海拔通常在1500米以下。分布于中国云南、贵州、广西、广东、福建。

果期：9月~次年1月

花色：白色

果实形态：蒴果倒卵圆形

附生兰，草本。根状茎粗壮，假鳞茎矩圆形或卵状矩圆形，肉质，长4~5厘米，顶生2枚叶。叶椭圆披针形或倒披针形，长10~18厘米，宽3~6厘米，渐尖，基部收狭成短柄。花茎从被鳞片包住的幼小假鳞茎顶伸出，总状花序直立或下垂；花苞片狭卵形，2列；花先于叶，白色或带黄色，萼片卵形，近等大，分离，舟状，长约1厘米，背面常具狭脊；花瓣和萼片近等长，扁平，条形，宽1~1.5毫米，急尖；唇瓣凹陷或基部囊状，3裂，侧裂片直立，中裂片顶端钝，具小尖头，外弯；合蕊柱极短，顶端翅状。蒴果倒卵状椭圆形，长1.5~3厘米，宽1~1.6厘米，有6棱，3个棱上有狭翅。

本种假鳞茎似桃，故得名"石仙桃"。

石仙桃的花

鹅毛玉凤花
Habenaria dentata (Sw.) Schltr.

花期

1
2
3
4
5
6
7
8
9
10
11
12

鹅毛玉凤花的花

别名：齿玉凤兰、白凤兰

科属：兰科玉凤花属

类型：草本

生态环境及分布：

生于海拔 190~1700 米山坡林下或路旁、沟边草丛中。分布于中国长江流域和以南各省区。

果期：8月~10月

花色：白色

果实形态：蒴果倒卵圆形

鹅毛玉凤花的果序

鹅毛玉凤花

　　陆生兰，草本，高 35~60 厘米。块茎卵形或矩圆形，肉质。叶 3~5 枚，散生，近矩圆形，渐尖。总状花序长 5~12 厘米，具 3~17 朵花；花苞片披针形，长渐尖，长于或短于子房；花白色，萼片近卵形，急尖，长 10~13 毫米，宽 5~5.5 毫米，边缘有睫毛；中萼片直立和花瓣靠合成兜；侧萼片斜卵形，反折；花瓣不裂，较小，狭披针形，边缘具睫毛；唇瓣长，几为萼片的 2 倍，3 裂，侧裂片宽，外侧边缘之前有细裂齿，中裂片条形，全缘，近等长；柱头 2 裂，突起物并行，具沟；子房具喙。

密花石豆兰
Bulbophyllum odoratissimum (Sm.) Lindl. ex Wall.

花期

1 2 3 4 5 6 7 8 9 10 11 12

密花石豆兰

别名：香石豆兰

科属：兰科石豆兰属

类型：草本

生态环境及分布：
附生于海拔 200~2300 米的混交林中树干上或山谷岩石上。分布于中国福建、广东、广西、四川、云南、西藏。

果期：4月~8月

花色：白色

果实形态：蒴果倒卵圆形

附生兰，草本。根状茎细长，粗约 2 毫米。假鳞茎近圆柱形，长 2.5~4 厘米，粗 3~6 毫米，彼此距离 4~7 厘米，顶生 1 叶。叶狭矩圆形，长 4~11 厘米，宽 8~18 毫米，顶端微凹，近无柄；花茎 1~2 枚，生于假鳞茎基部，通常高出叶外，粗 0.5~1.2 毫米，被 3~4 枚鞘；总状花序缩短呈伞状，密集 10 朵花以上；花苞片卵状披针形，凹的，比花梗长；萼片披针形，向顶端渐尖，中上部边缘上卷呈圆筒状，顶端钝；中萼片长 6~8 毫米，侧萼片比中萼片长；花瓣卵圆形，长约 1.2 毫米，顶端钝；唇瓣肉质，近舌状，比花瓣长，中央略凹陷，边缘具细齿，蕊柱齿牙齿状；蕊柱脚短，其离生部分不明显。

密花石豆兰的花

蕺菜
Houttuynia cordata Thunb.

花期

1
2
3
4
5
6
7
8
9
10
11
12

蕺菜

别名：折耳根、鱼腥草、狗贴耳

科属：三白草科蕺菜属

类型：草本

生态环境及分布：
生于湿地或水旁。分布于中国长江以南各省区；日本也有分布。

果期：5月~10月

花色：白色

果实形态：蒴果倒卵圆形

蕺菜的花

蕺菜

多年生草本，高15~50厘米，有腥臭味；茎下部伏地，生根，上部直立，通常无毛。叶互生，心形或宽卵形，长3~8厘米，宽4~6厘米，有细腺点，两面脉上有柔毛，下面常紫色；叶柄长1~3厘米，常有疏毛；托叶膜质，条形，长1~2厘米，下部常与叶柄合生成鞘状。穗状花序生于茎上端，与叶对生，长1~1.5厘米，基部有4片白色花瓣状苞片；花小，两性，无花被；雄蕊3枚，花丝下部与子房合生；雌蕊由3个下部合生的心皮组成，子房上位，花柱分离。蒴果顶端开裂。

幼嫩茎可作蔬菜。叶子揉后有鱼腥味道，因此又叫作"鱼腥草"。

虎杖
Reynoutria japonica Houtt.

花期

| 1 | 2 | 3 | 4 | 5 | 6 | 7 | 8 | **9** | **10** | 11 | 12 |

虎杖的花

别名：斑庄根、酸桶芦、酸筒杆

科属：蓼科虎杖属

类型：草本

生态环境及分布：
生于山谷溪边。分布于中国华南、华中、华东、西南、陕西及甘肃；朝鲜、日本也有分布。

果期：9月~10月

花色：白色

果实形态：瘦果椭圆形

虎杖的枝干

虎杖的果实

多年生草本，高1~1.5米。茎直立，丛生，基部木质化，分枝，无毛，中空，散生红色或紫红色斑点。叶有短柄；叶片宽卵形或卵状椭圆形，长6~12厘米，宽5~9厘米，顶端有短骤尖，基部圆形或楔形；托叶鞘膜质，褐色，早落。花单性，雌雄异株，成腋生的圆锥状花序；花梗细长，中部有关节，上部有翅；花被5深裂，裂片2轮，外轮3片在果时增大，背部生翅；雄花雄蕊8枚；雌花花柱3个，柱头头状。瘦果椭圆形，有3棱，黑褐色，光亮，包于增大的翅状花被内。

火炭母
Polygonum chinense L.

花期

1
2
3
4
5
6
7
8
9
10
11
12

火炭母的叶片

别名：赤地利、白饭草

科属：蓼科蓼属

类型：草本

生态环境及分布：
生于溪旁村边、旷野等地。
分布于中国南方各省区。

果期：全年

花色：白色

果实形态：瘦果卵形

火炭母的果实

火炭母

火炭母的种子

多年生草本。茎无毛，无刺。叶卵形或卵状长圆形，长5~10厘米，常有紫蓝色的"V"字形色斑，互生。聚伞花序，花白色或淡红色；苞片无毛；花萼5裂；雄蕊8枚；花柱3枚。瘦果卵形，包于宿萼内。

火炭母的叶片中的"V"字，是火炭母欺敌的一种方式，因为火炭母是很多昆虫的食物，火炭母牺牲了一些绿色部分，以黑白相杂，形成宛如病态的叶子，让昆虫看到后避开。

名字"火炭母"，"火炭"是指瘦果的黑色，"母"是指瘦果被透明的膨大肉质花被覆盖包容，像孕育中的胎儿，它以这样的方式，吸引动物来取食，达到传播种子的目的。

草本 Herbs

杠板归
Polygonum perfoliatum L.

花期

1
2
3
4
5
6
7
8
9
10
11
12

杠板归的果实

别名：贯叶蓼、刺犁头

科属：蓼科蓼属

类型：草本

生态环境及分布：
生于路旁、水旁潮湿荒地上。产于中国山东、江苏、浙江、福建、江西、广东、广西、四川、湖南、贵州。

果期：4月~9月

花色：白色

果实形态：瘦果球形

一年生攀缘草本。茎有棱，棱上有倒钩刺。叶薄纸质，三角形，长4~6厘米，边缘和下面脉上常有小钩刺；叶柄盾状着生，有倒钩刺；托叶叶状。花序穗状，腋生，花白色或淡红色；苞片膜质；花萼5裂。瘦果近球形，全部包藏于肉质的花萼内。

短而圆的托叶包覆着茎，看起来好像是茎由中心穿过似的，因此又叫作"贯叶蓼"。果实累累积攒一起，肉质花被包覆着种子，刚开始是绿色，慢慢变成浅红、浅紫，最后是深蓝紫色，外面包裹着肉质膨大的花被，含有丰富水分。

杠板归

芳香石豆兰
Bulbophyllum ambrosia (Hance) Schltr.

花期

1
2
3
4
5
6
7
8
9
10
11
12

芳香石豆兰

科属：兰科石豆兰属
类型：多年生草本
生态环境及分布：
分布于中国福建、广东、海南、香港、广西、云南。
花色：白色
果实形态：蒴果倒卵圆形

　　多年生草本。根状茎粗 2~3 毫米，被覆瓦状鳞片状鞘。根成束从假鳞茎基部长出，假鳞茎直立或稍弧曲上举，圆柱形，长 2~6 厘米，粗 3~8 毫米，顶生 1 枚叶。叶革质，长圆形，长 3.5~13 厘米，宽 1.2~2.2 厘米，先端钝并且稍凹入，基部骤然收窄为长 3~7 毫米的柄。花茎出自假鳞茎基部，1~3 个，圆柱形，直立，顶生 1 朵花；花序柄长 6~8 毫米，基部具 2~4 枚紧抱于花序柄的干膜质鞘；花苞片膜质，卵形，长约 3 毫米；花淡黄色带紫色；中萼片近长圆形，先端急尖或锐尖，具 5 条脉，无毛，边缘全缘；侧萼片斜卵状三角形，与中萼片近等长，中部以上偏侧而扭曲呈喙状，先端稍钝，基部贴生于蕊柱足而形成宽钝的萼囊，具 5 条脉；花瓣三角形，先端急尖，具 3 条脉，边缘全缘；唇瓣近卵形，中部以下对折，基部具凹槽，与蕊柱足末端连接而形成活动关节，中部两侧扩展，边缘稍波状，先端稍增厚，上面具 1~2 条肉质褶片；蕊柱粗短，蕊柱齿不明显；蕊柱足长 10 毫米，其分离部分长约 5 毫米。

芳香石豆兰

倒地铃
Cardiospermum halicacabum L.

花期

1
2
3
4
5
6
7
8
9
10
11
12

倒地铃的花

别名：白果籽、灯笼果

科属：无患子科倒地铃属

类型：藤本

生态环境及分布：
长于灌丛中、荒地、林缘及路边。
分布于中国华南、华中、华东及西南。

果期：5月~12月

花色：白色

果实形态：蒴果倒三角形

倒地铃的种子

倒地铃的植株

　　一年生攀缘状藤本，茎质为柔，疏被毛。叶互生，具长柄3~4厘米，二回三出复叶，侧生小叶卵状披针形，长1.2~3.5厘米，边缘羽状深裂；顶生小叶卵状披针形，长4~7厘米，先端锐尖，不整齐粗锯齿缘。花腋生，数朵成聚伞花序，花序柄细长，长5~8厘米，具4棱，最下面的1对花柄发育成下弯的卷须。两性花，花瓣白色，花小。蒴果呈陀螺状倒三角形，种子黑色，有心形的种脐，种脐鲜时绿色，干后白色。

　　倒地铃如果没有别的立柱让它攀缘的话，植株会匍匐在地上，果实呈一个三角形的鼓胀气囊，如悬挂的铃铛，成熟后掉落在地，因此叫作"倒地铃"；它能凭借风力滚动而更远距离传播种子。每个果实内有3粒种子，成熟时呈黑色，中央部位有心形的白色斑纹——种脐。

球兰

Hoya carnosa (L.f.) R.Br.

花期

1 2 3 4 5 6 7 8 9 10 11 12

球兰的花

别名：爬岩板、草鞋板

科属：夹竹桃科球兰属

类型：藤状灌木

生态环境及分布：生于平原、林中，可栽培。分布于中国云南、广西、广东、台湾。

果期：7月~8月

花色：白色

果实形态：蓇葖果条形

攀缘灌木，附生于树上或石上，茎节上生气根。叶对生，肉质，卵形至卵状矩圆形，长3.5~12厘米，宽3~4.5厘米，顶端钝，基部圆形；侧脉不明显，每边有4条。聚伞花序伞形状，腋生，有花约30朵；花白色，直径2厘米；花萼5深裂；花冠辐状，花冠筒短，裂片外面无毛，内面具有乳头状突起；副花冠星状，外角急尖，中脊隆起，边缘反折而成孔隙，内角急尖，直立；花粉块每室1个，伸长，侧边透明。蓇葖果条形，长7.5~10厘米，光滑；种子卵形，扁平，顶端具种毛。

深圳梧桐山及七娘山有野生球兰分布，深圳还有1种栽培品种：斑叶球兰（*Hoya carnosa* 'Variegata'），叶面有白色斑块。

球兰的蓇葖果

白花油麻藤
Mucuna birdwoodiana Tutcher

花期

1
2
3
4
5
6
7
8
9
10
11
12

白花油麻藤

白花油麻藤的花

别名：禾雀花、勃氏黎豆

科属：豆科黎豆属

类型：藤本

生态环境及分布：
生于山地林中、路旁、溪边。
分布于中国华南、华东及西南。

果期：5月~11月

花色：白色

果实形态：荚果带形

白花油麻藤的种子

白花油麻藤

  常绿大型木质藤本。老茎外皮灰褐色，断面淡红褐色，有3~4个同心圆圈，断面先流白汁，后有血红色汁液形成。羽状复叶，具3小叶；小叶近革质，顶生小叶呈椭圆形、卵形或倒卵形，长9~16厘米，宽2~6厘米。总状花序生于老枝上或生于叶腋，有花20~30朵，呈束状；花冠白色或浅绿白色。荚果木质，带形，长30~45厘米，宽3.5~4.5厘米，近念珠状。密被红褐色短绒毛，内部在种子之间有木质隔膜。种子5~13颗，深紫黑色，近肾形，常有光泽，种子有毒。

  每年3月，到了白花油麻藤盛开的季节，在缠藤林荫里面前进，抬头可见一串串酷似"小鸟"的白花，仿佛在窃窃私语，因此也叫作"禾雀花"。在深圳梧桐山、梅林水库二线关、马峦山等处经常可见。

山橙
Melodinus suaveolens (Hance) Champ.ex Benth.

花期

| 1 |
| 2 |
| 3 |
| 4 |
| 5 |
| 6 |
| 7 |
| 8 |
| 9 |
| 10 |
| 11 |
| 12 |

山橙的花

别名：马骝藤

科属：夹竹桃科山橙属

类型：藤本

生态环境及分布：
生于丘陵、山地或石壁上。分布于中国广东、广西、海南。

果期：8月~次年1月

花色：白色

果实形态：浆果球形

山橙的果实

山橙

攀缘木质藤本，长达 10 米，有乳汁，除花序被微毛之外，其余无毛。小枝褐色。叶对生，近革质，卵形、矩圆形或矩圆状披针形，长 5~10 厘米，宽 1.8~4.5 厘米，基部渐尖，先端渐尖，叶面深绿色有光泽。聚伞圆锥花序，顶生或腋生，花冠白色，高脚碟状，芳香，副花冠成 5 裂伸出花筒外，花冠裂片 5 枚，向左覆盖；雄蕊生于花冠筒中部，花丝短；子房无毛。浆果球形，直径 5~8 厘米，熟时橙红色，种子褐色。

浆果球形，初时青色，成熟后橙红色，切开有白色黏状乳汁，果肉橙红色，像日常食用的芸香科的橙子，所以取名"山橙"。果实有小毒，含生物碱。

蔓九节
Psychotria serpens L.

花期

1
2
3
4
5
6
7
8
9
10
11
12

蔓九节的果实

别名：上树龙、穿根藤

科属：茜草科九节属

类型：藤本

生态环境及分布：
常以气根攀附于树上或石上。分布于中国浙江、福建、广东、海南、广西。

果期：全年

花色：白色

果实形态：核果球形

蔓九节的果实

蔓九节

攀缘藤本，长达 5 米或更长，全株无毛，攀附枝有一列短而密的气根。叶对生，厚纸质，椭圆形至卵形，或倒卵形至倒披针形，长 0.7~9 厘米，宽 0.5~3.8 厘米，边缘反卷。聚伞花序顶生，有花多朵，花小，白色，芳香，花冠长 5~6 毫米，喉部有毛。浆果状核果球形或椭圆形，具纵棱，呈白色，长 4~7 毫米，直径 2.5~6 毫米；小核背面凸起，具纵棱，腹面平而光滑。

蔓九节的幼苗时期，常常以气根攀缘树干，叶片对生，紧紧贴着树干往上生长，宛如一条青色游龙上树，所以别名也叫"上树龙"。

蔓九节的幼苗

华南忍冬
Lonicera confusa (Sweet) DC.

花期

| 1 | 2 | 3 | 4 | 5 | 6 | 7 | 8 | 9 | 10 | 11 | 12 |

华南忍冬

别名：山金银花、山银花

科属：忍冬科忍冬属

类型：藤本

生态环境及分布：
生路旁、灌丛或疏林中。分布于中国华南、华中、西南、华东。

果期：10月~11月

花色：白色

果实形态：浆果球形

木质藤本；幼枝被微毛。叶卵形至卵状矩圆形，长3~10厘米，顶端短渐尖，基部近圆形，下面密生微毛并杂有橘红色腺毛。总花梗单生或多个集生，短于叶柄；萼筒被短糙毛，萼齿披针形或卵状三角形，具睫毛；花冠长3.5~4.5厘米，外疏生微毛和腺毛，先白色后变黄色，唇形，上唇具4裂片，下唇反转，约与花冠筒等长；雄蕊5枚，与花柱均稍伸出花冠。浆果近球形，黑色，直径约7毫米。

在浙江、江西、福建、湖南、广东、广西、四川和贵州等省区均作"金银花"。

华南忍冬

锡叶藤
Tetracera sarmentosa (L.) Vahl.

花期

| 1 |
| 2 |
| 3 |
| 4 |
| 5 |
| 6 |
| 7 |
| 8 |
| 9 |
| 10 |
| 11 |
| 12 |

锡叶藤的花

别名：涩叶藤、锡叶

科属：五桠果科锡叶藤属

类型：藤本

生态环境及分布：
生于阳处山坡灌丛中。分布于中国西南、华南及华东，全球其他热带地区也有分布。

果期：7月~9月

花色：白色

果实形态：核果球形

锡叶藤的黄色流苏状的假种皮

锡叶藤

常绿木质藤本，多分枝，枝条粗糙，幼嫩时被毛。叶革质粗糙，矩圆形，侧脉10~15对，在下面显著地凸起，全缘或上半部有小钝齿；叶柄粗糙，有毛。圆锥花序顶生或生于侧枝顶，被贴生柔毛。花小，多数；萼片5枚，宿存，广卵形，大小不相等；花瓣通常3枚，白色，卵圆形，约与萼片等长；雄蕊多数，比萼片稍短，花丝线形；花柱突出雄蕊之外。果实成熟时候呈黄红色，有残存花柱；种子黑色，基部有黄色流苏状的假种皮。

锡叶藤叶片非常粗糙，摸上去手感粗粝，有如金属锡器打磨使用的砂布。

微甘菊
Mikania micrantha Kunth

花期

| 1 | 2 | 3 | 4 | 5 | 6 | 7 | 8 | 9 | 10 | 11 | 12 |

微甘菊

别名：小花假泽兰、微甘菊

科属：菊科假泽兰属

类型：藤本

生态环境及分布：
原产地为美洲，中国广东归化为野生种，是入侵势头最强劲的杂草之一。

果期：8月~11月

花色：白色

果实形态：瘦果长椭圆形

微甘菊的花

微甘菊

多年生草质藤本，匍匐或攀缘，多分枝。茎中部叶呈三角状卵形至卵形，基部心形，先端渐尖，边缘具数个粗齿或浅波状圆锯齿，两面无毛，基出脉3~7，叶柄长2.0~8.0厘米。头状花序多数，在枝端常排成复伞房花序状，花有香气；花冠白色，檐部钟状，5裂齿。瘦果长椭圆形，黑色，被毛，具5棱，被腺体，冠毛白色。

为头号有害入侵野草，被称为"植物杀手"，成为当今世界热带、亚热带地区危害最严重的杂草之一。深圳各地常见。

微甘菊英文名叫作"Mile-a-minute Weed"，意思是"一分钟爬行一英里的杂草"（1英里=1.61公里），形容其繁殖速度之快。根据相关文献资料报告，微甘菊自身有种化学物质散发会让它周围的其他植物逐步枯萎而达到侵占地盘的目的，它常常攀爬在其他植物的树干及树冠上，最终绞杀它们，严重危害了其他植物的生长。

无根藤
Cassytha filiformis L.

花期

| 1 | 2 | 3 | 4 |

5 6 7 8 9 10 11 12

无根藤

无根藤的盘状吸根攀附于寄主植物上

别名：无头草、金丝藤
科属：樟科无根藤属
类型：藤状灌木
生态环境及分布：
生于向阳处山坡灌丛中。分布于中国云贵、湖广、江西、福建、浙江、海南等省区。
果期：5月~12月
花色：白色
果实形态：核果卵球形

寄生缠绕藤本，靠盘状吸根吸附寄主植物上生长。茎线状，绿色或褐绿色，幼时被锈色短柔毛，老时无毛。叶鳞片状。穗状花序长2~5厘米，密被锈色短柔毛；花小，无梗，花被筒白色。核果卵球形。

樟科植物很大部分都是高大乔木，如山苍树、润楠等，而无根藤却是纤弱的草本，在植株形态上差异甚大。它为寄生缠绕草本，根系退化，借盘状吸根攀附于寄生植物上，故名"无根藤"。

无根藤的果实成熟后，由青色变成白色，直径约7毫米，包藏在花后增大的肉质果托内。

无根藤

马㼎儿
Zehneria japonica (Thunb.) H.Y.Liu

花期

1
2
3
4
5
6
7
8
9
10
11
12

马㼎儿

别名：老鼠拉冬瓜

科属：葫芦科马㼎儿属

类型：藤本

生态环境及分布：
生于林中阴湿处及路边、田边或灌丛中。分布于中国西南、华东、华南、华中；日本、朝鲜及东南亚也有分布。

果期：7月~10月

花色：白色

果实形态：瓠果椭圆形

马㼎儿

马㼎儿

柔软草质藤本；茎、枝纤细，卷须不分枝。叶薄纸质或膜质，三角状卵形、卵状心形或戟形，不分裂或 3~5 浅裂，长 3~5 厘米，宽 2~4 厘米。雌雄同株，花白色，单生或数朵聚生于叶腋内；花梗纤细。果椭圆形，无毛，成熟后橘红色；果柄丝状，长达 1~4 厘米；种子多数，灰白色。

马㼎儿果实幼时青色，熟时橘红色。果梗细长，连接着圆滚滚的果实，非常可爱，所以别名也叫作"老鼠拉冬瓜"。

龙珠果
Passiflora foetida L.

花期

1
2
3
4
5
6
7
8
9
10
11
12

龙珠果的花

别名：毛西番莲、龙吞珠

科属：西番莲科西番莲属

类型：藤状灌木

生态环境及分布：
原产于美洲，热带地区普遍有归化。中国华南以及西南地区也有归化。常逸生于荒山草坡或者灌丛中。

果期：4月~5月

花色：白色

果实形态：浆果卵圆形

龙珠果的果实

龙珠果的果实

草质藤本，长达 6 米，有臭味，茎被平展柔毛。叶膜质，阔卵形至长圆状卵形，长 4.5~13 厘米；边缘呈不规则的波状；两面及叶柄均被丝状长伏毛。聚伞形花序退化仅存 1 花，与卷须对生；花白或者淡紫色，副花冠由多数白色的丝状体组成，呈流苏状，花瓣近等长，排成 3~5 轮；雄蕊 5 枚。浆果卵圆形或者球形，无毛；种子椭圆体形，黑色。

龙珠果的花萼具有一层羽裂状苞片，花凋谢后结果，果实小心翼翼地在浓密的苞片保护中成长，苞片上有腺毛，能防御昆虫的取食。成熟后果皮颜色变黄、裂开，露出白色的果肉和黑色的种子，酸甜可口，可以鲜食；同时，它也是鸟类和昆虫喜欢取食的野果。

橙黄玉凤花
Habenaria rhodocheila Hance

橙

橙黄玉凤花
Habenaria rhodocheila Hance

花期

1
2
3
4
5
6
7
8
9
10
11
12

橙黄玉凤花

别名：红人兰、红唇玉凤花

科属：兰科玉凤花属

类型：草本

生态环境及分布：
生长于海拔1500米以下的阔叶林阴暗处。分布于中国华南、西南等地。

果期：9月~10月

花色：橙色

果实形态：蒴果纺锤形

多年生草本，植株高8~35厘米。块茎长圆形；茎粗壮，下部具4~6片叶子，向上具1~3片苞片状小叶。叶片线状披针形，长10~15厘米。总状花序2~10朵花，花茎无毛，花茎中等大；萼片和花瓣绿色；唇瓣橙黄色至红色，4裂；花距细圆筒状，下垂，长2~3厘米。蒴果纺锤形，长约1.5厘米。

每年7~9月花期里，在深圳梧桐山、七娘山等山地里可见橙黄玉凤花。同一花期的还有同属植物鹅毛玉凤花【*Habenaria dentata* (Sw.) Schltr】，花色洁白美丽，观赏性很高。

橙黄玉凤花

杜鹃

Rhododendron simsii Planch.

红

银叶树
Heritiera littoralis Aiton

花期

1
2
3
4
5
6
7
8
9
10
11
12

银叶树

别名：大白叶仔

科属：锦葵科银叶树属

类型：乔木

生态环境及分布：
生于高潮线附近的海滩内缘及滩地。
分布于中国广东、广西、台湾等地。

果期：6月~10月

花色：红褐色

果实形态：蒴果椭圆形

银叶树的果实

银叶树

　　常绿乔木，高达 10~15 米，树皮灰褐色。叶革质，椭圆形或倒卵状椭圆形，长 5.5~20 厘米，宽 2.2~8 厘米，下面密生银色鳞秕；叶柄长 1~2 厘米。其树叶的正面为绿色，背面为银白色，因此得名"银叶树"。圆锥花序腋生，长约 8 厘米，具多数花，被银色鳞秕；花单性，无花瓣；花萼近钟形，红褐色，长约 4 毫米，两面均被短毛，四或五浅裂；雄花：雄蕊柱长约 3 毫米，基部围有花盘，花药 4~5；雌花：心皮 4~5，近分生，每室具 1 胚珠。成熟心皮木质。蒴果狭椭圆状球形，长 3~5 厘米，不开裂，外缘有龙骨状突起，种子卵形。

　　在深圳坝光的海边上生长的亚洲最大的银叶树群落，最老的有 550 年的历史，植株高达 20 多米；它们的根部成板状裸露在地面上，用以支持植株并进行呼吸作用。银叶树的果实成熟后龙骨状突起木质化，坚硬，果外皮具有充满空气之海绵组织，使之能漂浮于海面，种子随海浪漂流而传播到远方。

杨梅

Myrica rubra (Lour.) Siebold et Zucc.

花期

1
2
3
4
5
6
7
8
9
10
11
12

杨梅的雄花

别名：树梅、花旦果

科属：杨梅科杨梅属

类型：乔木

生态环境及分布：
生长于低山丘陵、向阳山坡或山谷中。分布于中国华南、华东及西南。

果期：5月~7月

花色：红色

果实形态：核果球形

杨梅

杨梅

　　常绿乔木，高可达 15 米以上。叶革质，楔伏倒卵形至长楔状倒披针形，长 6~16 厘米，宽 1~4 厘米，无毛，常密集于小枝上端部分；边缘中部以上具稀疏的锐锯齿。花雌雄异株，雄花序单独或数条生于叶腋，雌花序常单生于叶腋。核果球状，直径 10~15 毫米，有乳头状凸起，成熟时呈红色。

　　杨梅属于雌雄异株，雄花为葇荑花序，雌花为穗状花序。杨梅果实含有丰富的维生素 C。每年 5~7 月正是果实成熟期。杨梅果汁多肉，味甜而偏酸，食用前用盐水先浸泡几分钟，可以清洗其表面的灰尘和细菌。

杜鹃
Rhododendron simsii Planch.

花期

1
2
3
4
5
6
7
8
9
10
11
12

杜鹃

别名：映山红
科属：杜鹃花科杜鹃属
类型：灌木
生态环境及分布：
生于海拔 500~1200 米的山地疏灌丛或松林下。分布于中国华南、西南、华中。
果期：6月~8月
花色：红色
果实形态：蒴果卵圆形

　　落叶灌木，高 2 米。分枝多而纤细，密被亮棕褐色扁平糙伏毛。叶革质，常集生枝端，卵形、椭圆状卵形或倒卵形，长 1.5~5 厘米，宽 0.5~3 厘米，先端短渐尖，基部楔形或宽楔形，边缘微反卷，具细齿，上面深绿色，疏被糙伏毛，下面淡白色，密被褐色糙伏毛；叶柄长 2~6 毫米，密被亮棕褐色扁平糙伏毛。花芽卵球形，鳞片外面中部以上被糙伏毛，边缘具睫毛。花 2~3 朵簇生枝顶；花梗长 8 毫米，密被亮棕褐色糙伏毛；花萼 5 枚，深裂，裂片三角状长卵形，长 5 毫米，被糙伏毛，边缘具睫毛；花冠阔漏斗形，玫瑰色、鲜红色或暗红色，裂片 5 枚，倒卵形，上部裂片具深红色斑点；雄蕊 10 枚，长约与花冠相等，花丝线状，中部以下被微柔毛；子房卵球形，10 室，密被亮棕褐色糙伏毛，花柱伸出花冠外，无毛。蒴果卵球形，长达 1 厘米，密被糙伏毛，花萼宿存。

　　为中国华南、西南、华中典型的酸性土指示植物。

杜鹃

红毛草
Melinis repens (Willd.) Zizka

花期

红毛草

别名：红茅草

科属：禾本科糖蜜草属

类型：草本

生态环境及分布：
原产于南非；中国广东、台湾等省有引种，已归化。

果期：6月~11月

花色：粉红色

果实形态：颖果长圆形

多年生草本。根茎粗壮，秆直立，常分枝，高可达1米，节间常具疣毛，节具软毛。叶鞘松弛，大都短于节间，下部亦散生疣毛；叶舌为长约1毫米的柔毛组成；叶片线形，长可达20厘米，宽2~5毫米。圆锥花序开展，长10~15厘米，分枝纤细，长可达8厘米；小穗柄纤细弯曲，顶端稍膨大，疏生长柔毛；小穗长约5毫米，常被粉红色绢毛；有3雄蕊，花药长约2毫米；花柱分离，柱头羽毛状。颖果长圆形。

深圳多地常见野生。

红毛草

紫玉盘
Uvaria macrophylla Roxb.

花期

1
2
3
4
5
6
7
8
9
10
11
12

紫玉盘的花

别名：油椎、酒饼木

科属：番荔枝科紫玉盘属

类型：藤状灌木

生态环境及分布：
生于山地疏林或灌丛中。分布于中国广西、广东和台湾。

果期：7月~次年3月

花色：红色

果实形态：浆果卵圆形

　　藤状灌木，高约2米，枝条蔓延性；全株均被星状柔毛。叶革质，长倒卵形或长椭圆形，长10~23厘米，宽5~11厘米。花1~2朵，与叶对生，花暗紫红色或淡红褐色，直径2.5~3.5厘米；花瓣圆卵形，雄蕊线形，浆果卵圆形或短圆柱形，成熟后呈暗紫褐色。

　　茎皮纤维坚韧，可编织绳索或麻袋。果实成熟时呈红黑色，可以鲜食。深圳有人工栽培作园林观赏植物。

紫玉盘的果实

山椒子
Uvaria grandiflora Roxb. ex Hornem.

花期

1
2
3
4
5
6
7
8
9
10
11
12

山椒子的花

别名：大花紫玉盘、山芭蕉罗
科属：番荔枝科紫玉盘属
类型：藤状灌木
生态环境及分布：
生于山地疏林或灌丛中。分布于中国广东南部及其岛屿。
果期：5月~12月
花色：红色
果实形态：浆果长圆柱形

山椒子的果实

山椒子

攀缘灌木，长可达 3 米；全株密被黄褐色星状柔毛。叶纸质近革质，长圆状倒卵形，长 7~30 厘米，宽 3.5~12.5 厘米。花单朵，与叶对生，紫红色或深红色，直径达 9 厘米，雄蕊长圆形。

山椒子的果实长圆柱状，长 4~6 厘米，成熟时颜色变橘黄色，形状如芭蕉，别名亦叫"山芭蕉罗"，可以食用，味道甜；深圳梧桐山、七娘山等地常见分布。

钩吻

Gelsemium elegans (Gardn. et Champ.) Benth.

黄

黧蒴锥

Castanopsis fissa (Champ. ex Benth.) Rehder et E.H.Wilson

花期: 4, 5, 6

黧蒴锥

别名：大叶栲、黧蒴栲、黧蒴

科属：壳斗科锥属

类型：乔木

生态环境及分布：
生于海拔 200~850 米的坡地、山谷林中。分布于中国广东、广西、贵州、湖南、江西和福建。

果期：10月~12月

花色：黄色，不显著

果实形态：坚果卵形

黧蒴锥的果实

鬶萌锥的整株

常绿乔木，高6~10米；幼枝被疏柔毛。叶长椭圆形至倒披针状长椭圆形，长17~25厘米，宽5~9厘米，先端钝尖，基部楔形，边缘有波状齿或钝锯齿，无毛，下面有灰黄色鳞秕，中脉粗，侧脉16~20对；叶柄长1.5~2.5厘米。雌花单生于总苞内。壳斗卵形至椭圆形，全苞坚果，直径1.2~2厘米，高1.5~2.2厘米，成熟时开裂为2~3瓣，宿存于果轴上，内面有绢状长伏毛，外面有褐色鳞秕；苞片三角形，基部连生成4~5条同心环；坚果卵形或圆锥状卵形，直径1.1~1.6厘米，长1.3~1.8厘米，仅顶端微有细绒毛；果脐宽4~6毫米。

深圳梧桐山、七娘山分布大量的野生鬶萌锥树，每年春季盛花期，满山遍野白色一片，花香浓郁。种子含淀粉，树皮和壳斗含鞣质。

罗浮柿
Diospyros morrisiana Hance

花期

1
2
3
4
5
6
7
8
9
10
11
12

罗浮柿的花

别名：乌蛇木

科属：柿树科柿树属

类型：乔木

生态环境及分布：
生于混交林中。分布于中国广东、广西、云南、福建、浙江等省区。

果期：8月~11月

花色：黄色

果实形态：浆果球形

落叶灌木或乔木，高4~10米，小枝光滑无毛。叶互生，薄革质，椭圆形、长圆形或卵形，长4.5~10厘米，宽2.5~4厘米，叶缘微背卷，表面光滑，先端渐尖，基部楔形。花腋生，2~5朵成簇，花冠壶形，裂片4枚，浅黄色。肉质浆果近球形，黄色；种子近长圆形，栗色，侧扁。

罗浮柿的果成熟后呈黄色，未成熟时呈青黄色，味道苦涩。

罗浮柿的果实

岭南山竹子
Garcinia oblongifolia Champ. ex Benth.

花期

1
2
3
4
5
6
7
8
9
10
11
12

岭南山竹子的花

别名：竹橘、倒卵山竹子

科属：藤黄科藤黄属

类型：乔木

生态环境及分布：
生于山地湿润肥沃的地方。分布于中国广东、广西；越南也有。

果期：10月~12月

花色：黄色

果实形态：浆果球形

岭南山竹子的果实

岭南山竹子

　　常绿乔木，高5~15米。叶对生，薄革质，倒卵状矩圆形或倒披针形，长5~10厘米，宽2~3.5厘米，顶端圆钝或短渐尖，基部楔形，全缘，两面无毛；叶柄长1厘米。花单性，橙色或淡黄色；雄花成聚伞花序生于叶腋或枝顶，花梗长3~7毫米，萼片4枚，花瓣4枚，雄蕊多数合生成一肉质体；雌花单生，无花梗，萼片4枚，花瓣4枚，子房卵圆形，无花柱，柱头盾状。浆果近球形，直径2~4厘米，黄绿色。

　　岭南山竹子种子含油量高，油供制皂及润滑油；树皮含鞣质；木材做家具和工艺品。同科属中有另一种植物木竹子（*Garcinia multiflora* Champ. ex Benth.），两者花期和果期也比较接近，容易混淆。

木竹子
Garcinia multiflora Champ. ex Benth.

花期

| 1 | 2 | 3 | **4** | **5** | **6** | 7 | 8 | 9 | 10 | 11 | 12 |

木竹子的花

别名：多花山竹子、山竹子、酸桐子
科属：藤黄科藤黄属
类型：乔木
生态环境及分布：
生于山地林中。分布于中国广东、广西、福建、江西、云南。
果期：11月~12月
花色：黄色
果实形态：浆果球形

木竹子的果实

木竹子的整株

常绿乔木，高5~17米；无毛。叶对生，革质，倒卵形、长圆状倒卵形至披针形，长7~15厘米，宽2~5厘米，全缘，两面无毛；侧脉在背面明显。雄花数朵组成聚伞花序再排成总状花序，花单性，浅黄色；花瓣倒卵匙形；雄蕊合成四束，高处退化成雌蕊。浆果近球形，长3~4厘米，黄绿色。

木竹子果实初时呈青色，成熟时呈黄绿色，近球状。果实含有丰富的黄色乳汁和鞣质。

野漆
Toxicodendron succedaneum (L.) Kuntze

花期

1
2
3
4
5
6
7
8
9
10
11
12

野漆

别名：痒漆树、山漆树

科属：漆树科漆属

类型：乔木

生态环境及分布：
生于林中阴湿处及路边、田边或灌丛中。分布于中国西南、华东、华中；日本、朝鲜及东南亚也有分布。

果期：5月~11月

花色：黄色

果实形态：核果扁球形

野漆的果实

野漆

　　落叶小乔木，高 3~8 米。树皮暗褐色；小枝粗壮。奇数羽状复叶互生，小叶 9~19 枚，对生或近对生，坚纸质至薄革质，长椭圆状披针形，长 5~12 厘米，宽 2~5.5 厘米，基部歪斜，全缘，两面无毛，有光泽，叶背具白粉，侧脉每边 15~22 条。圆锥花序腋生，花黄绿色，小，杂性，花瓣长圆形。核果圆形，略扁，外果皮薄，干时有皱纹，中果皮厚，蜡质，内果皮（果核）坚硬。

　　树干可割取漆液；果皮含蜡质，可制蜡烛。

　　野漆树汁液有毒，有些生漆过敏者接触皮肤后会出现过敏现象，主要表现为皮肤红肿、疼痒，甚至出现溃疡、感染现象，可涂抹抗组胺软膏来缓和症状，或者靠近火烤热皮肤，即可解除痒肿现象。

土沉香
Aquilaria sinensis (Lour.) Spreng.

花期

| 1 |
| 2 |
| 3 |
| 4 |
| 5 |
| 6 |
| 7 |
| 8 |
| 9 |
| 10 |
| 11 |
| 12 |

土沉香的花

土沉香的果实

土沉香的树干

土沉香的种子

别名：白木香、女儿香

科属：瑞香科沉香属

类型：乔木

生态环境及分布：
生于林中。分布于中国广东、广西、台湾、福建。

果期：7月

花色：黄色

果实形态：蒴果倒卵形

土沉香的植株

常绿乔木；树皮暗灰色，幼枝有疏柔毛。叶互生，革质有光泽，卵形、倒卵形至椭圆形，长 5~11 厘米，宽 3~9 厘米，顶端短渐尖，基部宽楔形；侧脉 14~24 对，疏密不等。伞形花序顶生或腋生；花黄绿色，有芳香；花萼浅钟状，裂片 5 枚，近卵形，两面均有短柔毛；花瓣 10 枚，鳞片状，有毛；雄蕊 10 枚。蒴果木质，倒卵形，被灰黄色短柔毛，基部狭，有宿存萼，2 瓣裂开。种子 1 或 2 颗，基部有长约 2 厘米的尾状附属物。

树干损伤后被真菌入侵寄生，木壁薄细胞内储存的淀粉在菌体酶的作用下发生一系列的变化后形成香脂，再经过多年沉积而成，因此得名"沉香"，可作香料。

土沉香属于国家二级保护植物，由于土沉香的市场价格昂贵，深圳及香港两地的野生土沉香遭到不法分子的大量盗伐，现在已经很难寻觅到野生土沉香的踪迹。

山乌桕
Triadica cochinchinensis Lour.

花期

1
2
3
4
5
6
7
8
9
10
11
12

山乌桕的花

别名：膜叶乌桕

科属：大戟科乌桕属

类型：灌木或小乔木

生态环境及分布：
生于山谷或山坡混交林中。分布于中国长江以南各省区，东南亚也有分布。

果期：7月~10月

花色：黄色

果实形态：蒴果球形

山乌桕的果实

山乌桕的植株

灌木或小乔木，高 3~12 米，各部均无毛；小枝灰褐色，有皮孔。叶互生，纸质，嫩时呈淡红色，叶片椭圆形或长卵形，长 4~10 厘米，宽 2.5~5 厘米，顶端钝或短渐尖，基部短狭或楔形，背面近缘常有数个圆形的腺体；侧脉 8~12 对，互生或有时近对生，网脉很柔弱，通常明显；叶柄纤细。花单性，雌雄同株，密集成长 4~9 厘米的顶生总状花序，雌花生于花序轴下部，雄花生于花序轴上部或有时整个花序全为雄花。蒴果黑色，球形，直径 1~1.5 厘米，分果瓣脱落后而中轴宿存，种子近球形，长 4~5 毫米，直径 3~4 毫米，外薄被蜡质的假种皮。

五月茶
Antidesma bunius (L.) Spreng.

花期

| 1 | 2 | **3** | **4** | **5** | 6 | 7 | 8 | 9 | 10 | 11 | 12 |

五月茶

别名：五味叶、五味菜、酸味树

科属：大戟科五月茶属

类型：乔木

生态环境及分布：
生于疏林或密林中。分布于中国广东、海南、广西、贵州、云南。

果期：6月~11月

花色：黄色

果实形态：核果球形

五月茶的果实

五月茶的花

　　常绿小乔木，高4~10米。树皮灰褐色，幼枝具明显的皮孔。单叶互生，叶片革质，有光泽，倒卵状长圆形，长6~16厘米，宽2~7厘米，先端圆形或渐尖，具短尖头，基部渐狭，全缘，两面均无毛，侧脉7~11对，在背面稍凸起。花小，单性，雌雄异株；雄花序为顶生或侧生的穗状花序，长6~12厘米，具少数分枝；雄花花萼杯状，有3~4个浅裂，内被长柔毛；雄蕊3~4枚，花盘生于雄蕊之外；雌花序为总状花序，长5~12厘米，生于分枝的顶部；雌花花盘环状，有3~4个短裂片，具缘毛。核果近球形，深红色。

露兜树
Pandanus tectorius Parkinson ex Du Roi

花期

| 1 | 2 | 3 | 4 | 5 |

露兜树的果实

别名：勒芦

科属：露兜树科露兜树属

类型：乔木

生态环境及分布：
生于海岸沙地。分布于中国广东、福建等省南部。

果期：10月

花色：黄色

果实形态：聚花果头形

露兜树的果实

露兜树的植株

小乔木，干分枝，常具气生根。叶革质，带状，长约1.5米，宽3~5厘米，边缘和下面中脉有锐刺。雄花序由数个穗状花序组成，全长约25厘米，苞片宽披针形，长12~25厘米，宽2~4.5厘米，仅边缘有锐刺；穗状花序长6~13厘米，宽1.5~3厘米，花淡黄色；雄花芳香，稠密；雄蕊10多枚，簇生于柱状体顶端；花药条形，顶端有小尖头。聚花果头状，直径达20厘米，由50~80个小核果所组成；小核果束倒圆锥形，高5~6厘米，直径2.5~4厘米，有4~12室，宿存柱头呈乳头状或马蹄状。

叶纤维可编制各种工艺品。

余甘子
Phyllanthus emblica L.

花期

1
2
3
4
5
6
7
8
9
10
11
12

余甘子

别名：油甘子、油甘树

科属：叶下珠科叶下珠属

类型：乔木

生态环境及分布：
生于山地疏林向阳处。分布于中国华南、华东及西南。

果期：7月~12月

花色：黄色

果实形态：核果球形

余甘子的果实

余甘子的果实

乔木，高1~3米，树皮浅褐色，全株无毛。叶纸质至革质，单叶互生，狭长矩圆形，长1~2厘米，宽2~7毫米，全缘，无毛，叶面绿色，叶背浅绿色，在枝上明显二列状。花小，单性同株，多朵雄花和1朵雌花或全为雄花组成腋生的聚伞花序；雄花萼片6枚，膜质，黄色；雌花花梗短，萼片同雄花，子房卵球形，3室，花柱3枚，基部合生。核果球状，外果皮肉质，内果皮硬壳质，种子略带红色。

果实成熟时呈淡黄色，可以鲜食，入口时苦涩，良久回味则变成甘甜，所以叫"余甘子"，像人生的际遇，先苦后甘，吃完口齿生津；还可以制作果脯，是深受人们喜欢的野果之一。

破布叶
Microcos paniculata L.

花期

1
2
3
4
5
6
7
8
9
10
11
12

破布叶

破布叶的花

破布叶的果实

别名：布渣叶

科属：锦葵科破布叶属

类型：乔木

生态环境及分布：

生于丘陵、平地路边或山坡灌丛中。分布于中国云南、广西、广东；越南、印度、印度尼西亚也有分布。

果期：7月~12月

花色：黄色

果实形态：核果球形

破布叶的植株

小乔木或灌木，高3~10米；树皮灰黑色。单叶互生，具短柄；叶厚纸质，卵形或卵状矩圆形，长8~20厘米，宽4~10厘米，上面只在中脉生短柔毛，下面幼时生星状毛，后变无毛，边缘有不明显小牙齿，基出脉3条；叶柄长0.7~1.2厘米；托叶钻形。伞形圆锥花序顶生，花序分枝、花梗和萼片外面密生星状柔毛；花淡黄色；萼片5枚，长圆形，长约5毫米；花瓣5枚，黄色，长圆形，长不到萼片之半；雄蕊多数。核果倒卵状球形，长约1厘米，无毛，成熟时黑褐色。茎皮纤维可作人造棉等。

山鸡椒
Litsea cubeba (Lour.) Pers.

花期

1
2
3
4
5
6
7
8
9
10
11
12

山鸡椒的花

别名：山苍子、山胡椒

科属：樟科木姜子属

类型：灌木或小乔木

生态环境及分布：
生于向阳的山坡、灌丛、疏林或路旁。分布于中国华南、华东、华中、西南。

果期：7月~8月

花色：黄色

果实形态：核果球形

山鸡椒的果实

山鸡椒的植株

山鸡椒的枝干

落叶灌木或小乔木，高8~10米；幼树树皮黄绿色，光滑，老树树皮灰褐色。叶纸质，互生，有香气，披针形或长圆形，长4~11厘米，宽1.1~2.4厘米，先端渐尖，基部楔形，叶背粉绿色，枝叶具有芳香味。伞形花序单生或簇生，每一花序有花4~6朵，先叶开放或与叶同时开放，花小，淡黄色，花被片6枚，椭圆形。果近球形，成熟时呈黑色。

山鸡椒的果实幼时呈绿色，成熟时呈黑色，有股辛辣的味道。果皮是提取柠檬醛的原料；种子含油约40%，可作工业用油。

三桠苦

Melicope pteleifolia (Champ. ex Benth.) T. G. Hartley

花期

1
2
3
4
5
6
7
8
9
10
11
12

三桠苦

别名：白芸香、三岔叶

科属：芸香科蜜茱萸属

类型：灌木或小乔木

生态环境及分布：
生于山谷、山坡林中。分布于中国华南、云南，东南亚也有分布。

果期：7月~10月

花色：黄色

果实形态：蓇葖果椭圆形

三桠苦的花

三桠苦

常绿灌木或小乔木，树皮灰白或灰绿色，光滑，纵向浅裂，嫩枝的节部常呈压扁状，小枝的髓部大，枝叶无毛。3 小叶，有时偶有 2 小叶或单小叶同时存在，叶柄基部稍增粗，小叶长椭圆形，两端尖，有时倒卵状椭圆形，长 6~20 厘米，宽 2~8 厘米，全缘，油点多；小叶柄甚短。花序腋生，很少同时有顶生，长 4~12 厘米，花甚多；萼片及花瓣均 4 枚；萼片细小，长约 0.5 毫米；花瓣淡黄或白色，长 1.5~2 毫米，常有透明油点，干后油点变暗褐至褐黑色；雄花的退化雌蕊细垫状凸起，密被白色短毛；雌花的不育雄蕊有花药而无花粉。分果瓣淡黄或茶褐色，散生肉眼可见的透明油点，每分果瓣有 1 颗种子；种子长 3~4 毫米，蓝黑色，有光泽。

黄槿
Hibiscus tiliaceus L.

花期

1
2
3
4
5
6
7
8
9
10
11
12

黄槿的花

别名：糕仔树、桐花、盐水面夹果、朴仔

科属：锦葵科木槿属

类型：灌木或乔木

生态环境及分布：
生于海边堤岸。分布于中国台湾、广东；日本、印度、马来西亚和大洋洲也有分布。

果期：6月~10月

花色：黄色

果实形态：蒴果卵圆形

黄槿的果实

黄槿的植株

常绿灌木或乔木，高4~10米；树皮灰白色，小枝近无毛。叶革质，近圆形，长、宽7~15厘米，上面绿色，下面灰白色，密生星状绒毛，叶脉7或9条；叶柄长3~8厘米；托叶早落。花顶生或腋生，常数花排成聚伞花序；小苞片7~10枚，条状披针形，中部以下连合成杯状；萼长1.5~3厘米，基部1/4处合生，裂片5枚，披针形；花冠黄色，直径6~7厘米。蒴果卵圆形，长2厘米，5瓣裂，果瓣木质；种子多数，平滑。

黄槿耐盐碱能力好，适应性强，适合海边种植。在深圳及广东沿海地区小城镇也有栽培，多作行道树。其叶在民间常作为包裹糕饼之用，故又名"糕仔树"。树皮纤维供制绳索；嫩枝叶作蔬菜；木材供建筑、造船及家具等用。

盐肤木
Rhus chinensis Mill.

花期

| 1 | 2 | 3 | 4 | 5 | 6 | **7** | 8 | 9 | 10 | 11 | 12 |

盐肤木的虫瘿——五倍子

盐肤木的花序

别名：盐酸白、五倍子树
科属：漆树科盐肤木属
类型：灌木或小乔木
生态环境及分布：
生于疏林灌丛中。分布于中国华南、华中、西南。
果期：10月~11月
花色：黄色
果实形态：核果扁圆形

落叶灌木或小乔木，高2~5米，树皮灰褐色，小枝、叶柄和花序均被锈色柔毛。单数羽状复叶，长20~40厘米；小叶7~13片，对生，纸质，长5~12厘米，宽2~5厘米，边有粗锯齿，下面密生灰褐色柔毛；顶生小叶最大，长6~18厘米，宽2~7厘米，边缘锯齿，下面灰绿色，有白粉，被浅褐色短柔毛，上面深绿色，侧脉每边14~18条。圆锥花序顶生，多分枝，花小，黄白色。核果近圆扁形，红色，有灰白色短柔毛。

盐肤木果实上有层厚厚白色的盐霜覆盖，盐霜可以鲜食，味道酸中带咸，非常开胃。本种为五倍子蚜虫寄主，在幼枝和叶上形成虫瘿，即中药里的"五倍子"。

盐肤木的果实

白背叶
Mallotus apelta (Lour.) Müll.Arg.

花期

| 1 | 2 | 3 | 4 | 5 | **6** | 7 | **8** | **9** | 10 | 11 | 12 |

白背叶

别名：白背木、白面虎

科属：大戟科野桐属

类型：灌木或小乔木

生态环境及分布：
生于山坡或山谷灌丛中。分布于中国河南、安徽、浙江、江西、湖南、广东、广西；越南也有分布。

果期：8月~11月

花色：黄色

果实形态：蒴果球形

白背叶的雌花花序

白背叶的雄花花序

白背叶

灌木或小乔木；小枝密被星状毛。叶互生，宽卵形，不分裂或3浅裂，长4.5~15厘米，宽4~14厘米，两面被星状毛及棕色腺体，下面的毛更密厚；基出3脉，具2腺体；叶柄长1.5~8厘米。花单性，雌雄异株，无花瓣。雄穗状花序顶生，长15~30厘米；雌穗状花序顶生或侧生，长约15厘米；花萼3~6裂，外面密被茸毛；雄蕊50~65枚。蒴果近球形，密生软刺及星状毛；种子近球形，黑色，光亮。

种子油可供制肥皂及润滑油；茎皮为纤维原料，供织麻袋或作混纺。

黑面神
Breynia fruticosa (L.) Müll. Arg.

花期

1
2
3
4
5
6
7
8
9
10
11
12

黑面神

别名：画鬼符、狗脚刺

科属：大戟科黑面神属

类型：灌木

生态环境及分布：
生于山坡、平地旷野灌木丛中或林缘。分布于广东、广西、福建、浙江、云南、贵州。

果期：5月~12月

花色：黄色

果实形态：蒴果圆球形

黑面神的果实

黑面神的花果

灌木，高1~2米；小枝浅绿色，无毛。叶卵形至菱状卵形，长2.5~4厘米，宽2~3厘米，革质，两面光滑无毛，叶柄长2~4毫米。花极小，单性，雌雄同株，无花瓣，单生或2~4簇生于叶腋。花萼顶端6浅裂；雄花花萼呈陀螺状或半球形，雄蕊3枚，花丝合生；雌花花萼果期扩大呈盘状，变褐色，子房3室，每室2胚珠。果肉质，近球形，直径约6毫米，位于扩大的宿存的萼上，深红色。

黑面神叶鲜时呈暗绿色，干枯后变成黑色，故有"黑面神"之名。枝叶含鞣质，可提制栲胶。枝叶有小毒。

黄花倒水莲
Polygala fallax Hemsl.

花期

1
2
3
4
5
6
7
8
9
10
11
12

黄花倒水莲的果实

黄花倒水莲的种子

别名：黄花远志、吊吊黄
科属：远志科远志属
类型：灌木或小乔木
生态环境及分布：
生于灌丛或林缘路边。分布于中国长江以南各省区。
果期：8月~10月
花色：黄色
果实形态：蒴果圆形

黄花倒水莲的种子

黄花倒水莲的花

灌木或小乔木，高1~3米；根粗壮，多分枝，表皮淡黄色。枝灰绿色，密被长而平展的短柔毛。单叶互生，叶片膜质，披针形至椭圆状披针形，长8~17厘米，宽4~6.5厘米，先端渐尖，基部楔形至钝圆，全缘，叶面深绿色，背面淡绿色，两面均被短柔毛，侧脉8~9对。总状花序顶生或腋生，花后长达30厘米，下垂；萼片5枚；花瓣黄色，3枚；雄蕊8枚，长10~11毫米，花丝2/3以下连合成鞘，花药卵形；子房圆形，具缘毛，基部具环状花盘，花柱细，长8~9毫米，先端略呈2浅裂的喇叭形，柱头具短柄。蒴果阔倒心形至圆形，绿黄色，具棱，顶端具喙状短尖头，具短柄；种子圆形，棕黑色至黑色，密被白色短柔毛，种阜盔状，顶端突起。

细轴荛花
Wikstroemia nutans Champ. ex Benth.

花期

1 2 3 4 5 6 7 8 9 10 11 12

细轴荛花

别名：山条子、黄荛花

科属：瑞香科荛花属

类型：灌木

生态环境及分布：
生于山坡灌丛、路旁。分布于中国广东、广西、福建、湖南。

果期：5月~9月

花色：黄色

果实形态：核果椭圆形

灌木，高1~2米，树皮暗褐色。叶对生，膜质至纸质，卵状椭圆形至卵状披针形，长2.5~8.5厘米，宽0.8~2.5厘米，全缘，上面深绿色，下面被白粉，侧脉7~12对。花黄绿色，花萼管状，4~8朵组成顶生或者头状的总状花序，花序梗纤细，下弯，长1~2.5厘米，无毛；萼片4枚；雄蕊8枚，排成2轮；子房倒卵状。核果椭圆形，长约7毫米，成熟时深红色；种子1粒，圆形。

细轴荛花的果实未成熟时呈青色，然后变黄色，成熟时呈深红色，颜色艳丽多彩。它跟同属植物了哥王【*Wikstroemia indica* (L.) C. A. Mey.】容易混淆。前者花序梗基部较细长，后者较短；两者果实都有毒，含南荛素、荛花酚等多种木脂体。

细轴荛花

草珊瑚
Sarcandra glabra (Thunb.) Nakai

花期

1
2
3
4
5
6
7
8
9
10
11
12

草珊瑚

别名：鸡爪兰、九节茶
科属：金粟兰科草珊瑚属
类型：灌木
生态环境及分布：
生于山坡、沟谷常绿阔叶林下阴湿处。分布于中国南方各省区。
果期：8月~10月
花色：黄色
果实形态：核果球形

草珊瑚的花

草珊瑚的花

常绿亚灌木，高 50~120 厘米；茎绿色，具纵棱和沟槽，节膨大。单叶对生；革质，叶片卵状披针形至椭圆状卵形，长 6~17 厘米，宽 2~6 厘米，顶端渐尖，基部尖或楔形，边缘具粗锐锯齿，齿间具 1 腺体，两面均无毛。穗状花序顶生，通常分枝；花黄绿色。核果球形，熟时红色。

草珊瑚的果实颜色鲜红艳丽，叶子翠绿，具有观赏性，常作盆景植物栽培于庭院以及园林绿化中。深圳梧桐山常见，多长于溪谷旁边或水边林荫下。

粗叶榕
Ficus hirta Vahl

花期

1
2
3
4
5
6
7
8
9
10
11
12

粗叶榕的榕果

别名：五指毛桃、佛掌榕

科属：桑科榕属

类型：灌木或小乔木

生态环境及分布：
生于旷野、山地灌丛或疏林中。分布于中国华南、华中、华东及西南。

果期：全年

花色：隐头花序，花不显著

果实形态：瘦果椭圆球状

灌木或小乔木。叶互生，纸质，多型，长椭圆状披针形或广卵形，边缘有细锯齿，本种叶型变异极大，在同一植株上的叶有全缘和分裂的。榕果成对腋生，球形或椭圆形，直径10~15毫米。雄花生榕果内壁近口部；雌花、雄花、瘿花，花被均为4枚。瘦果椭圆球状。

粗叶榕的榕果近球形，表面被褐色糙毛和灰绿色长柔毛，像长满了绒毛的桃子，谓之"毛桃"。另外，"五指"是指本变种叶掌状分裂，像张开的手掌，所以别名也叫"五指毛桃"，生动又容易记住。

橙叶榕

猪屎豆
Crotalaria pallida Aiton

花期

| 1 |
| 2 |
| 3 |
| 4 |
| 5 |
| 6 |
| 7 |
| 8 |
| 9 |
| 10 |
| 11 |
| 12 |

猪屎豆

别名：响铃草

科属：豆科猪屎豆属

类型：草本

生态环境及分布：
生于山坡、路边及山谷草丛。分布于中国华南、华中、华东及西南。

果期：9月~12月

花色：黄色

果实形态：荚果长圆柱形

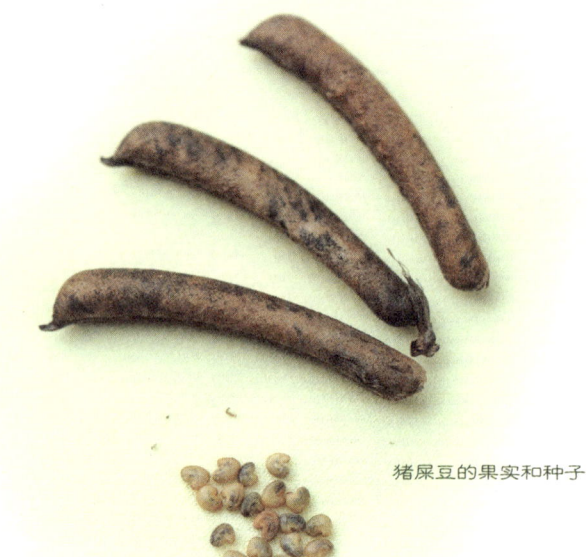

猪屎豆的果实和种子

猪屎豆的荚果

多年生草本或灌木状，株高 0.6~1 米；茎枝圆柱形，密被紧贴短柔毛。三出掌状复叶；小叶长圆形或椭圆形，长 3~6 厘米，宽 1.5~3 厘米。总状花序顶生，具花 10~40 朵；花萼近钟状，花冠黄色，伸出萼外，旗瓣近圆形或长圆形，开花后反折；翼瓣长圆形；龙骨瓣长于旗瓣。荚果长圆状圆柱形，有种子 20~30 粒。

嫩枝叶和种子有毒，含生物碱，中毒症状有头晕、头痛、恶心、呕吐、食欲不振，严重者可致死。

苦蘵
Physalis angulata L.

花期

1
2
3
4
5
6
7
8
9
10
11
12

苦蘵的果实

别名：灯笼草、灯笼泡

科属：茄科酸浆属

类型：草本

生态环境及分布：
生于山谷、村旁等土壤肥沃湿润地方。分布于中国华南、东南及西南各省区。

果期：5月~12月

花色：黄色

果实形态：浆果圆球形

苦蘵的果实

苦蘵

一年生草本，被疏短柔毛，高30~50厘米，茎多分枝，分枝纤细。叶片卵形至卵状椭圆形，长4~10厘米，宽3~7厘米，基部楔形，边缘有不等大的粗齿，先端急尖，侧脉每边4~6条。花单生于叶腋；花萼钟状，具10条纵棱，有网脉，裂片5枚；花冠淡黄色，5浅裂，喉部常有紫斑。浆果球形，藏于宿萼内，宿存花萼卵球状，薄纸质，外面被短柔毛；种子圆盘状。

苦蘵的浆果藏在膀胱状宿萼里面，宿存花萼外形奇特，黄绿色，具棱，棱脊上疏被短柔毛，网脉明显，像一个个悬挂的纸灯笼，所以别名也叫作"灯笼草"。

华重楼

Paris polyphylla var. *chinensis* (Franch.) H.Hara

花期

1
2
3
4
5
6
7
8
9
10
11
12

华重楼

别名：中华重楼

科属：黑药花科重楼属

类型：草本

生态环境及分布：
生于林下荫处或沟谷边的草丛中。分布于中国华南、华中、华东、西南。

果期：8月~10月

花色：黄色

果实形态：蒴果圆形

华重楼的花

华重楼

　　直立草本，株高 35~100 厘米。根状茎粗厚，密生多数环节和须根；茎常带紫红色。叶常 5~8 枚轮生，通常 7 枚，倒卵状披针形、矩圆状披针形或倒披针形，基部通常楔形。内轮花被片狭条形，通常中部以上变宽，宽 1~1.5 毫米，长 1.5~3.5 厘米，长为外轮的 1/3 至近等长或稍超过；雄蕊 8~10 枚，花药长 1.2~2 厘米，长为花丝的 3~4 倍，药隔突出部分长 1~2 毫米。

山菅
Dianella ensifolia (L.) DC.

花期

1
2
3
4
5
6
7
8
9
10
11
12

山菅的花

别名：老鼠砒霜、山绞剪

科属：黄脂木科山菅属

类型：草本

生态环境及分布：
生于路旁山坡疏林中。分布于中国广东、广西、云南、贵州、江西、福建、浙江。

果期：3月~8月

花色：黄色

果实形态：浆果扁球形

山菅的果实

山菅

  多年生常绿草本，具根状茎，茎直立，连同花序高1~2米。叶2列状排列，条状披针形，长30厘米以上，宽1.2~3厘米，基部鞘状套折，顶端长渐尖，边缘和沿叶背中脉具细锐齿。总状花序组成顶生圆锥花序，分枝疏散；花淡黄色、绿白色至淡紫色。浆果蓝紫色，直径约8毫米。

  山菅的浆果成熟时为蓝紫色，带光泽，像一粒粒蓝宝石，非常漂亮。全株有毒，旧时用其植株熬汁泡米饭来毒杀老鼠，所以也被称为"老鼠砒霜"。果实鲜艳，常有人采摘果实把玩，谨防误食引起中毒。

流苏贝母兰
Coelogyne fimbriata Lindl.

花期

1 2 3 4 5 6 7 8 9 10 11 12

流苏贝母兰

别名：棕石兰

科属：兰科贝母兰属

类型：草本

生态环境及分布：
分布于中国江西、广东、广西、云南、西藏；印度、锡金、泰国也有分布。

果期：4月~8月

花色：淡黄色

果实形态：蒴果卵形

附生兰，草本，具匍匐的根状茎。假鳞茎卵形、卵状椭圆形或狭矩圆形，长2~4厘米，顶生2叶。叶矩圆状披针形，长5~8厘米，基部收狭成短柄。花茎和成叶生在同一假鳞茎上，从2叶间长出，紧靠假鳞茎顶之花茎茎部有鞘状鳞片数枚，顶生1~5朵花，花淡黄色；花苞片早落；萼片近等大，矩圆状披针形，长1.5~2厘米，宽6~8毫米，短尖；花瓣狭线形，和萼片近等长；唇瓣黄色或具红褐色条纹，3裂；中裂片近圆形，顶端微凹，上具红褐色斑点，边缘具睫毛状流苏。蒴果卵形，长约18毫米。

生于海拔500~1200米的林缘树干上或溪谷旁荫蔽岩石上。深圳梧桐山、排牙山、七娘山有分布。

流苏贝母兰

苞舌兰
Spathoglottis pubescens Lindl.

花期: 7, 8, 9, 10

苞舌兰的花

别名：黄花苞舌兰

科属：兰科苞舌兰属

类型：草本

生态环境及分布：
生于林缘、山坡路旁。分布于中国长江流域和以南各省区；印度、缅甸、中南半岛也有分布。

花色：黄色

果实形态：蒴果卵形

　　陆生兰，草本。假鳞茎扁球形，具1~3叶。叶片狭披针形，通常长20~30厘米，宽1~1.7厘米，顶端渐尖，具柄；花茎纤细，高达50厘米，被短柔毛；花苞片披针形，长5~9毫米，被柔毛；总状花序顶生，疏生2~8花；花梗和子房被柔毛；花黄色；萼片椭圆形；花瓣矩圆形，与萼片等长而较宽、顶端钝；唇瓣3裂，侧裂片镰状矩圆形，外伸；中裂片倒卵状楔形；唇盘上具3条纵向龙骨脊。

　　深圳梧桐山常见。

苞舌兰

马齿苋
Portulaca oleracea L.

花期

1
2
3
4
5
6
7
8
9
10
11
12

马齿苋

别名：瓜子菜、长命菜

科属：马齿苋科马齿苋属

类型：草本

生态环境及分布：
生于田间、地边、路旁。遍布中国，也广布全世界温带和热带。

花色：黄色

果实形态：蒴果圆锥形

一年生草本，通常匍匐，肉质，无毛；茎带紫色。叶楔状矩圆形或倒卵形，长10~25毫米，宽5~15毫米。花3~5朵生枝顶端，直径3~4毫米，无梗；苞片4~5枚，膜质；萼片2枚；花瓣5枚，黄色；子房半下位，1室，柱头4~6裂。蒴果圆锥形，盖裂；种子多数，肾状卵形，直径不及1毫米，黑色，有小疣状突起。

嫩茎叶可作蔬菜，味酸，也是很好的饲料。

马齿苋

海芋
Alocasia odora (Lindl.) K.Koch

花期

1
2
3
4
5
6
7
8
9
10
11
12

海芋的果实

别名：姑婆芋、滴水观音

科属：天南星科海芋属

类型：草本

生态环境及分布：
生于山谷、水沟边或村庄附近。
分布于中国广东、广西、云南、
贵州、江西、福建、台湾。

果期：4月~8月

花色：黄色

果实形态：浆果扁球形

海芋的花序

海芋

　　直立草本，茎粗壮，高达3米，多黏液。叶聚生茎顶，盾状着生，卵状戟形，长30~90厘米，基部2裂片分离或稍合生；叶柄长达1米。总花梗长10~30厘米，佛焰苞全长10~20厘米，下部筒状，长4~5厘米，上部稍弯曲呈舟形；肉穗花序稍短于佛焰苞，下部雌花部分长约2厘米，上部雄花部分长约4厘米，二者之间有不孕部分，顶端附属体长5~7厘米。浆果直径约4毫米，具1颗种子。

　　海芋的花、果期极长，几乎全年。成熟后佛焰苞的基部会开裂，露出排列整理的一颗颗珠圆玉润的鲜艳红色果实。全株有毒，含氰甙、草酸钙等，皮肤接触其液汁会发生瘙痒或强烈刺激，误食用茎叶可导致舌喉发痒、刺痛、呕吐、腹泻；须谨慎，以免引起中毒。

金钱蒲
Acorus gramineus Aiton

花期

1 2 3 4 5 6 7 8 9 10 11 12

金钱蒲

别名：水剑草、香菖蒲、石菖蒲

科属：菖蒲科菖蒲属

类型：草本

生态环境及分布：
生于湿地或溪旁石上。分布于中国黄河以南各省区。

果期：7月~8月

花色：黄色

果实形态：浆果长圆形

金钱蒲

金钱蒲

多年生草本。根茎芳香，肉质，具多数须根，根茎上部分枝甚密，植株因而成丛生状，分枝常被纤维状宿存叶基。叶无柄；叶片薄，基部具膜质叶鞘，暗绿色，线形，长20~30厘米，基部对折，中部以上平展，先端渐狭，无中肋，平行脉多数，稍隆起。花序柄腋生，长4~15厘米，三棱形。叶状佛焰苞长13~25厘米，为肉穗花序长的2~5倍或更长；肉穗花序圆柱状，长4~6.5厘米，上部渐尖，直立或稍弯，花黄白色。成熟果序长7~8厘米，成熟时黄绿色。

在春秋时期的《诗经》中，就有"彼泽之坡，有蒲与荷"的记载；在《礼记·月令篇》中亦有"冬至后，菖始生。菖百草之先生者也，于是始耕"的记载；历代文人多有吟咏石菖蒲的诗作。其叶纤细多节，呈青绿可爱之态，置案头清供，可增添情趣；古代雅士们常将它晒干之后置入布袋内做成香囊佩戴，味道清冽。

香港凤仙花
Impatiens hongkongensis Grey-Wilson

花期

1
2
3
4
5
6
7
8
9
10
11
12

香港凤仙花的果实

别名：香港凤仙

科属：凤仙花科凤仙花属

类型：草本

生态环境及分布：生于海拔150~170米的山坡潮湿处。分布于中国香港新界、广东深圳。

果期：11月~12月

花色：黄色

果实形态：蒴果棒形

多年生草本，高达60~70厘米，全株无毛。茎直立，疏生，分枝，有时平卧匍匐，在下部节上生不定根。叶螺旋状排列，具柄，叶片椭圆形至椭圆状披针形，长8~18厘米，宽2.5~5.5厘米，顶端渐尖，基部楔状狭成长0.8~2.7厘米的叶柄，边缘具极浅的圆齿，侧脉5~9对，弧状弯，上面深绿色，下面浅绿色，基部具3~4对具柄腺体。总花梗单生于上部叶腋，具4~7朵，花大型；花疏总状排列，下垂，淡黄色，喉部变红，具红色或淡红紫色斑点，侧生萼片4枚；旗瓣半兜状，宽卵形或半圆形，中肋背面增厚，具线鸡冠状突起；翼瓣具柄，2裂，基部裂片倒卵状匙形，上部裂片长圆状倒卵形；唇瓣囊状，基部缩狭成线形内弯，长1.5~2厘米的距；花丝线形，花药钝；子房纺锤形。未成熟的蒴果棒状，长约1.5厘米。

香港凤仙花是在深圳生长的以香港模式标本采集地命名的植物之一。除此之外，还有常见的香港双蝴蝶、狭叶香港远志等。

深圳梧桐山泰山涧和老虎涧都有群落分布。

香港凤仙花

蛇莓

Duchesnea indica (Andr.) Focke

花期

1
2
3
4
5
6
7
8
9
10
11
12

蛇莓

别名：蛇泡草

科属：蔷薇科蛇莓属

类型：草本

生态环境及分布：
生于山坡、田野或草地。分布于中国南方各省。

果期：8月~10月

花色：黄色

果实形态：瘦果卵形

　　多年生草本；根茎短，粗壮；匍匐茎多数，长30~100厘米，有柔毛。小叶片倒卵形至菱状长圆形，长2~5厘米，宽1~3厘米，先端圆钝，边缘有钝锯齿，两面皆有柔毛，或上面无毛，具小叶柄；叶柄长1~5厘米，有柔毛；托叶窄卵形至宽披针形，长5~8毫米。花单生于叶腋；花梗长3~6厘米，有柔毛；萼片卵形，长4~6毫米，先端锐尖，外面有散生柔毛；副萼片倒卵形，长5~8毫米，比萼片长，先端常具3~5锯齿；花瓣倒卵形，长5~10毫米，黄色，先端圆钝；雄蕊20~30枚；花托在果期膨大，海绵质，鲜红色，有光泽，外面长有柔毛。瘦果卵形，光滑或具不显明突起，鲜时有光泽。

　　蛇莓的果实成熟时红色，色泽鲜艳，让人口水直流。民间常传说蛇莓生长的地方也是蛇出没的地方，因为常见到蛇莓果实附近有白色的泡沫，因此严禁小孩摘吃蛇莓。实际上蛇莓没有毒，但味道淡然，不适合做野果鲜食。

蛇莓

酢浆草
Oxalis corniculata L.

花期

1
2
3
4
5
6
7
8
9
10
11
12

酢浆草的果实

别名：酸味草

科属：酢浆草科酢浆草属

类型：草本

生态环境及分布：
生于旷地或田边。分布于世界温带及热带地区；中国南北各地都有分布。

果期：全年

花色：黄色

果实形态：蒴果圆柱形

多枝草本；茎柔弱，常平卧，节上生不定根，被疏柔毛。三小叶复叶，互生；小叶无柄，倒心形，被柔毛；叶柄细长，长2~6.5厘米，被柔毛。花1至数朵组成腋生的伞形花序，总花梗与叶柄等长；花黄色，长0.8~1厘米；萼片5枚，矩圆形，顶端急尖，被柔毛；花瓣5枚，倒卵形；雄蕊10枚，5长5短，花丝基部合生成筒；子房5室，柱头5裂。蒴果近圆柱形，长1~1.5厘米，有5棱，被短柔毛。

同科属的红花酢浆草（*Oxalis corymbosa* DC.）也是华南区常见野生植物之一，繁殖力极强，生长在菜地或田边，常当做杂草被铲除。

酢浆草

多花勾儿茶
Berchemia floribunda (Wall.) Brongn

花期

1
2
3
4
5
6
7
8
9
10
11
12

多花勾儿茶

别名：老鼠屎、牛鼻屎

科属：鼠李科勾儿茶属

类型：藤状灌木

生态环境及分布：
生于山地沟旁路边、疏林下和林缘灌丛。分布于中国华南、华中、华东和西南。

果期：3月~5月

花色：黄色

果实形态：核果椭圆形

多花勾儿茶

多花勾儿茶

落叶攀缘灌木；幼枝黄绿色，光滑无毛。叶互生，纸质，卵形、卵状椭圆形或卵状披针形，长4~9厘米，宽2~5厘米，上面绿色，无毛，下面干时栗色，无毛；侧脉每边9~12条。花多数，圆锥花序顶生，或有时兼腋生聚伞总状花序；花单生或2~3朵簇生，花瓣5枚，倒卵形。核果圆柱状椭圆形。

多花勾儿茶的果实幼时青色，继而红色，成熟后紫黑色。成熟后果实甜味，汁多，略带一丝苦涩，吃完嘴唇乌黑如染墨，是农村儿童喜欢采食的常见野果之一。

鸡柏紫藤
Elaeagnus loureiroi Champ. ex Benth.

花期

| 1 | 2 | 3 | 4 | 5 | 6 | 7 | 8 | 9 | 10 | 11 | 12 |

鸡柏紫藤

别名：罗氏胡颓子、灯吊子

科属：胡颓子科胡颓子属

类型：藤状灌木

生态环境及分布：生于丘陵及山地的林下、路边等疏阴处。分布于中国江西、广东、广西、云南等省区。

果期：3月~4月

花色：黄绿色

果实形态：核果椭圆形

直立或攀缘灌木，高2~3米，无刺；幼枝纤细伸长，密被锈色鳞片，老枝鳞片脱落，深黑色，具细纵条纹，最后树皮剥落。叶纸质、椭圆形、卵状椭圆形或倒卵形，长5~10厘米，宽2~4.5厘米，边缘微波状，稍反卷，上面幼时具褐色鳞片；侧脉5~7对。花单生或2朵生于腋生短枝上，淡绿色；萼筒为钟形，深锈色。核果椭圆形，长1.5~2.2厘米，被褐色鳞片，熟时橙红色。

鸡柏紫藤的果实椭圆形，初时呈青色，后转黄色，成熟时呈橙红色，被褐色鳞片。

鸡柏紫藤的果实

假鹰爪
Desmos chinensis Lour.

花期

| 1 |
| 2 |
| 3 |
| 4 |
| 5 |
| 6 |
| 7 |
| 8 |
| 9 |
| 10 |
| 11 |
| 12 |

假鹰爪的果实

别名：酒饼叶、鸡爪珠

科属：番荔枝科假鹰爪属

类型：藤状灌木

生态环境及分布：
生于山地疏林或灌丛中。分布于中国广西、广东、云南、贵州。

果期：6月~次年3月

花色：黄色

果实形态：浆果念珠形

假鹰爪的果实

假鹰爪的花

直立或攀缘灌木,全株无毛。叶薄纸质或膜质,长圆形或椭圆形,少数阔卵形,长4~13厘米,宽2~5厘米。花黄白色,单朵与叶对生或互生;花梗无毛;萼片卵形;花被片黄绿色;心皮被长柔毛,柱头近头状,顶端2裂。果有柄,呈念珠状,长2~5厘米,种子球状。

深圳梧桐山、马峦山、田心村等多处常见。

假鹰爪的果实形状非常有特色,呈念珠状,辐射形,长2~5厘米,有1~7粒,果实成熟时红色,像一串串冰糖葫芦;海南民间有用其叶制酒饼,故也有"酒饼叶"之称。

薜荔
Ficus pumila L.

花期

1 2 3 4 **5** **6** **7** **8** 9 10 11 12

薜荔

别名：凉粉果、木馒头

科属：桑科榕属

类型：藤状灌木

生态环境及分布：生于旷野岩石或树上。分布于中国华南、华东、西南。

果期：5月~8月

花色：隐头花序，花不显著

果实形态：瘦果球形

薜荔的榕果剖面图可见隐头花序

薛荔

攀缘或匍匐灌木，幼时以不定根攀缘于墙壁或树上。叶二型，不结果的枝节上生不定根，叶片小而薄，心状卵形，长约2.5厘米或更短，基部斜；结果的枝上无不定根，叶片较大而近革质，卵状椭圆形，长4~10厘米，先端钝，全缘，上面无毛，下面有短柔毛；叶柄短粗。榕果单生叶腋，瘿花果梨形，雌花果近球形。雄花生榕果内壁口部，花被片2~3枚；瘿花具柄，花被片3~4枚；雌花花被片4~5枚。瘦果近球形。

薛荔果也叫凉粉果。用成熟的榕果榨取汁液，和米浆共煮，冷却后，即成白凉粉；加糖，可作清凉饮料，是一道夏天解暑的天然健康甜品。

现有人工栽培作园林观赏植物。

菝葜
Smilax china L.

花期

| 1 | 2 | 3 | 4 | 5 | 6 | 7 | 8 | 9 | 10 | 11 | 12 |

菝葜的叶

菝葜的花

别名：金刚藤、马甲子

科属：菝葜科菝葜属

类型：藤本

生态环境及分布：生于林下、灌丛中、路旁和山坡上。分布于中国华南、华东、华中及西南。

果期：9月~11月

花色：黄绿色

果实形态：浆果球形

　　藤本，高1~5米；根状茎粗厚，坚硬。茎与枝条通常疏生刺。叶薄革质或纸质，干后一般呈红褐色或近古铜色，通常宽卵形或圆形，长3~10厘米，宽1.5~6厘米，下面淡绿色，有时具粉霜；叶柄有卷须。花单性，雌雄异株，绿黄色，多朵排成伞形花序，生于叶尚幼嫩的小枝上。浆果球形，直径6~15毫米，成熟时红色。

　　浆果球形，初时呈青色，后转黄色，成熟时呈暗红色，色泽艳丽，光滑。冬季下了霜之后，叶子落光，果实粉霜。

　　深圳各地常见。

菝葜的果实

娃儿藤
Tylophora ovata (Lindl.) Hook. ex Steud.

花期

1
2
3
4
5
6
7
8
9
10
11
12

娃儿藤的花

别名：卵叶娃儿藤、金钱吊丝馅

科属：夹竹桃科娃儿藤属

类型：藤本

生态环境及分布：生长于海拔900米以下山地灌木丛中及山谷或向阳疏密杂树林中。分布于中国云南、广西、广东、湖南和台湾。

果期：8月~12月

花色：黄色

果实形态：蓇葖果圆柱状披针形

　　草质藤本。茎、叶柄、叶的两面、花序梗、花梗及花萼外面均被锈黄色柔毛。叶卵形，长2.5~6厘米，宽2~5.5厘米，顶端急尖，具细尖头，基部浅心形；侧脉明显，每边约4条。聚伞花序伞房状，丛生于叶腋，通常不规则两歧，着花多朵；花小，淡黄色或黄绿色，直径5毫米；花萼裂片卵形，有缘毛，内面基部无腺体；花冠辐状，裂片长圆状披针形，两面被微毛；副花冠裂片卵形，贴生于合蕊冠上，背部肉质隆肿，顶端高达花药一半；花药顶端有圆形薄膜片，内弯向柱头；花粉块每室1个，圆球状，平展；子房由2枚离生心皮组成，无毛；柱头五角状，顶端扁平。蓇葖双生，圆柱状披针形，长4~7厘米，直径0.7~1.2厘米，无毛；种子卵形，长7毫米，顶端截形，具白色绢质种毛；种毛长3厘米。

娃儿藤的果实

牛眼马钱
Strychnos angustiflora Benth.

花期

| 1 | 2 | 3 | **4** | **5** | **6** | 7 | 8 | 9 | 10 | 11 | 12 |

牛眼马钱

别名：牛眼珠

科属：马钱科马钱属

类型：藤本

生态环境及分布：
生于灌丛中或山地疏林下；分布于中国广东、广西、海南、云南。

果期：7月~12月

花色：黄色

果实形态：浆果球形

牛眼马钱的果实

牛眼马钱

木质藤本，长5~8米。除花序被毛外，其余均无毛；小枝对生，常变态为螺旋状曲钩。叶对生，卵形或椭圆形，先端渐尖，长3~8厘米，宽2~4厘米，全缘，革质，基出脉3~5条，叶面深绿色，背面浅绿色，有光泽。聚伞圆锥花序顶生，有6~10朵花，花冠白色或淡黄色，有香味，高脚碟状，花冠筒长4~5毫米，裂片与花冠筒等长；雄蕊生于花冠喉部，花药伸出花冠筒之外；子房卵形，花柱纤细。浆果球形，熟时橙黄色，有种子1~6颗，圆球形，浅黄灰色。

全株有毒，果实剧毒，含马钱子碱、番木鳖碱、牛眼马钱灵等生物碱，误食后可引起中毒，严重者可致死。

弓果藤
Toxocarpus wightianus Hook. et Arn.

花期

1
2
3
4
5
6
7
8
9
10
11
12

弓果藤

别名：牛角藤

科属：夹竹桃科弓果藤属

类型：藤本

生态环境及分布：
生丘陵山地、灌丛中。分布于中国广西、贵州、广东及沿海各岛屿。印度、越南也有分布。

果期：10月~次年1月

花色：黄色

果实形态：蓇葖果直线狭披针状

藤本，长2~3米；小枝被微柔毛。叶对生，近革质，椭圆形或椭圆状矩圆形，长2.5~5厘米，宽1.5~3厘米，顶端具细尖头，基部微耳状圆形。两歧聚伞花序腋生，花冠淡黄色，辐状，无毛，裂片狭披针形；副花冠5枚，生于合蕊冠上，比花药为长。蓇葖果双生，叉开，成直线狭披针状；种子扁平，顶端具白绢质种毛。

弓果藤的蓇葖果叉开，长约9厘米，表面布满了锈色的绒毛，带白色乳汁，外形像古代兵器中的弓弩，所以得名"弓果藤"。

弓果藤

两面针
Zanthoxylum nitidum (Roxb.) DC.

花期

1
2
3
4
5
6
7
8
9
10
11
12

两面针的花

两面针的果实

别名： 入山虎、钉板刺、光叶花椒

科属： 芸香科花椒属

类型： 藤本

生态环境及分布：
生于低海拔湿热处。分布于中国广东、广西、福建、湖南、云南、台湾。

果期： 4月~11月

花色： 黄色

果实形态： 蓇葖果椭圆形

两面针

两面针

木质藤本；茎、枝、叶轴下面和小叶中脉两面均着生钩状皮刺。奇数羽状复叶，长7~15厘米；小叶3~11枚，对生，革质，卵形至卵状矩圆形，长4~11厘米，宽2.5~6厘米，顶端短尾状，基部圆形或宽楔形，边近全缘或微具波状疏锯齿，无毛，上面稍有光泽。伞房状圆锥花序，腋生，长2~8厘米；花4数，淡黄绿色；萼片4枚，宽卵形，花瓣长2~3毫米。蓇葖果成熟时紫红色，有粗大油腺点，顶端具短喙，种子球形，黑色，有光泽。

叶和果皮可提取芳香油。在中国，以两面针为材料的两面针牙膏是家喻户晓的品牌。

野木瓜
Stauntonia chinensis DC.

花期

1
2
3
4
5
6
7
8
9
10
11
12

野木瓜的花

别名：七叶莲、山芭蕉

科属：木通科野木瓜属

类型：藤本

生态环境及分布：生于林下山谷或灌丛中。分布于中国广东、福建、浙江、湖南。

果期：9月~10月

花色：黄色

果实形态：浆果椭圆形

野木瓜的果实

野木瓜的果实

常绿木质藤本。掌状复叶有小叶5~7片；小叶革质，长圆形或长圆状披针形，长6~11厘米，宽2~4厘米，先端渐尖，基部钝，边缘略加厚，上面深绿色，有光泽，下面浅绿色；侧脉和网脉在两面明显凸起。花雌雄同株，通常3~4朵组成伞房式总状花序；萼片外面浅黄色或乳白色，内面紫红色；蜜腺状花瓣6枚，舌状。浆果椭圆形。

果实成熟时黄色，可鲜食，味道清甜，剥开果皮，可以看见许多黑色的种子藏在黄色的果肉内，维管束丝络清晰可见，果瓤肉清甜，是野果之王。山中鸟兽深知此类野果好吃，人们经常看见黄色果壳悬挂，而里面果肉早已被啄食干净。

深圳梧桐山老虎涧常见野木瓜分布。

钩吻

Gelsemium elegans (Gardn. et Champ.) Benth.

花期

1
2
3
4
5
6
7
8
9
10
11
12

钩吻

钩吻的果实

别名：断肠草、大茶药、胡蔓藤

科属：葫蔓藤科钩吻属

类型：藤本

生态环境及分布：
生于路旁灌木丛或疏林下。分布于中国广东、广西、浙江、福建、贵州、云南。

果期：12月~次年3月

花色：黄色

果实形态：蒴果椭圆形

钩吻的种子

钩吻

木质大藤本，长3~10米。叶片膜质，对生，卵形或卵状披针形，长5~12厘米，宽2~6厘米，先端渐尖，基部渐狭或近圆形，侧脉每边有5~7条，全缘。聚伞圆锥花序顶生或腋生，花冠黄色，漏斗状，花冠筒内喉部具淡红色，带斑点；雄蕊生花冠筒内，花药伸出花冠筒外。蒴果椭圆形，未成熟时具2条纵槽，成熟后褐色，内有种子20~40颗，种子肾形，围以不规则齿裂的膜质翅。

全株剧毒，包括果实，含有钩吻碱甲、乙、丙、丁、寅、卯、戊、辰等8种生物碱，误食容易引起生命危险，每年南方地区都发生多起误食钩吻引起中毒死亡事件。由于物种差异性，钩吻对人而言是剧毒，但却可以用作兽医草药。

石柑子
Pothos chinensis (Raf.) Merr.

花期

| 1 | 2 | 3 | 4 | 5 | 6 | 7 | 8 | 9 | 10 | 11 | 12 |

石柑子

别名：百足藤、蜈蚣藤
科属：天南星科石柑属
类型：藤本
生态环境及分布：生于林下石上。分布于中国长江以南各省区，东南亚也有。
果期：全年
花色：黄色
果实形态：浆果椭圆形

藤本，攀缘于石上或树上。叶卵状椭圆形至披针状矩圆形，长6~8厘米，茎下部叶甚小；叶柄长1~3.5厘米，具翅，宽达8毫米。总花梗长约1厘米，基部有3~4枚长达6毫米的芽苞叶；佛焰苞兜状，长6~8毫米；肉穗花序近球形至椭圆形，长6~8毫米，具长约4毫米的梗；花两性，花被片6枚，雄蕊6枚。浆果椭圆形，长达10毫米，成熟时呈红色。

石柑子的果实

匙羹藤
Gymnema sylvestre (Retz.) R. Br. ex Schult.

花期

| 1 | 2 | 3 | 4 | **5** | **6** | **7** | **8** | **9** | 10 | 11 | 12 |

匙羹藤的花

别名：武靴藤、蛇天角

科属：夹竹桃科匙羹藤属

类型：藤本

生态环境及分布：
生于林中或灌丛中，常攀缘于树上，海拔50~450米。分布于中国广西、广东、福建。

果期：10月~次年1月

花色：黄色

果实形态：蓇葖果长圆形

匙羹藤的种子

匙羹藤的果实

木质藤本，长达4米，具乳汁；茎皮灰褐色，具皮孔，幼枝被微毛。叶对生，厚纸质，倒卵形或卵状矩圆形，长3~8厘米，宽1.5~4厘米，仅叶脉和叶柄被微毛，叶柄顶端具丛腺体。聚伞花序腋生，萼片5枚，内有5枚腺体；花冠绿白色，钟状，裂片5枚，向右覆盖；副花冠着生在花冠裂缺下，厚而成硬条带。蓇葖果卵状披针形，长5~9厘米；种子卵形，顶端轮生白绢质种毛。

蓇葖果成熟时由青色转为黑色，爆裂后，有带白绢质种毛的种子飞出，留下空果壳，内壁白色光滑，顶端尖，基部膨大，外形像喝汤时用的匙羹，因此得名"匙羹藤"。

全株有微毒。

鹿藿
Rhynchosia volubilis Lour.

花期

1
2
3
4
5
6
7
8
9
10
11
12

鹿藿的花

别名：野绿豆、老鼠眼
科属：豆科鹿藿属
类型：藤本
生态环境及分布：
生于山坡路旁草丛。分布于中国江苏、安徽、江西、福建、广东、广西、湖南、湖北、四川。
果期：9月~12月
花色：黄色
果实形态：荚果长圆形

鹿藿的果荚裂开露出种子

鹿藿

　　草质缠绕藤本，茎纤细，有棱。小叶3枚，顶生小叶卵状菱形或菱形，长2.5~6厘米，宽2~5.5厘米，侧生小叶偏斜而较小，先端钝，基部圆形，两面密生白色长柔毛，下面有红褐色腺点；叶柄及小叶柄亦密生白色长柔毛，基出脉3条。总状花序腋生，1个或2~3个花序同生一叶腋间；萼钟状，萼齿5个，披针形，外面有毛及腺点；花冠黄色，长约8毫米；雄蕊二组；子房有毛和密集的腺点。荚果长椭圆形，红褐色；种子1~2粒。
　　椭圆形或近肾形，黑色光亮，所以别名也叫作"老鼠眼"。

粪箕笃
Stephania longa Lour.

花期: 4, 5, 6

粪箕笃的花

别名：畚箕草、飞天雷公

科属：防己科千斤藤属

类型：藤本

生态环境及分布：生于灌丛或林缘。分布于中国华南、福建、云南及台湾。

果期：8月~10月

花色：黄色

果实形态：核果球形

粪箕笃的果实

粪箕笃

  草质藤本；小枝有条纹。叶纸质，三角状卵形至披针形，长 3~9 厘米，宽 2~6 厘米，顶端钝，有小凸尖，基部近截平或微圆，很少微凹；上面深绿色，下面淡绿色，有时粉绿色，两面无毛；掌状脉 10~11 条。花序腋生，伞形分枝；雄花萼片 6~8 枚，花瓣 4 枚或 3 枚；雌花萼片和花瓣均为 4 枚。核果球形，成熟时红色。

  "畚"跟"粪"通音，是指粪箕笃的叶片形状像农具中作为容器的畚箕（念 běnjī），成一个窄口"U"形，因此得名。

木鳖子
Momordica cochinchinensis (Lour.) Spreng.

花期

| 1 | 2 | 3 | 4 | 5 | **6** | **7** | **8** | 9 | 10 | 11 | 12 |

木鳖子的花

别名：鸭屎瓜子、木鳖瓜

科属：葫芦科苦瓜属

类型：藤本

生态环境及分布：

生于路旁、山沟及林缘。分布于中国浙江、江西、广东、广西、湖南等省区。

果期：8月~11月

花色：黄色

果实形态：瓠果球形

多年生粗壮大藤本；茎无毛，卷须不分叉。叶片长、宽均为10~20厘米，3~5浅裂或中裂，叶柄顶端或叶片基部有2~4个腺体。花雌雄异株，单生，雄花梗顶端有大型苞片，花冠白色而微黄，基部有黄色腺体；雌花梗近中部生一小形苞片；子房密生刺状凸起。果实卵球形，表面生软刺，熟时红黄色；种子卵形，边缘有波状细裂，具雕纹。

种子有毒，含木鳖皂甙、木鳖子酸等。《本草正》记载："木鳖子，有大毒，今见毒狗者，能毙之顷刻，人若食之，则中寒发噤，不可解救。"

木鳖子的果实

鳝藤
Anodendron affine (Hook.et Arn.) Druce

花期

| 1 | 2 | 3 | 4 | 5 | 6 | 7 | 8 | 9 | 10 | 11 | 12 |

鳝藤

别名：铁骨藤

科属：夹竹桃科鳝藤属

类型：藤本

生态环境及分布：
生于山地或丘陵疏林下。分布于中国东南、中南各省区。

果期：6月~8月

花色：黄色

果实形态：蓇葖果长圆形

鳝藤的蓇葖果

鳝藤的植株

藤本,长达 10 米,全株无毛,具乳汁。叶对生,矩圆状披针形,长 3~10 厘米,宽 1.2~2.5 厘米,基部楔形,先端渐尖,侧脉每边有 6~12 条,干时有皱纹。聚伞花序顶生,广歧,小苞片甚多;花萼 5 深裂;花冠黄绿色,高脚碟状,花冠裂片 5 枚向右覆盖;雄蕊 5 枚。蓇葖果长圆形,基部膨大,向上渐尖,长达 13 厘米,直径 3 厘米;种子棕黑色,有喙,顶端种毛长约为种子的 3 倍。

鳝藤的攀爬能力强,适宜植作棚架植物及护坡植物。

羊角拗
Strophanthus divaricatus (Lour.) Hook. et Arn.

花期

1
2
3
4
5
6
7
8
9
10
11
12

羊角拗

别名：羊角藤、沥口花
科属：夹竹桃科羊角拗属
类型：藤状灌木
生态环境及分布：
生于林下山谷或灌丛中。分布于中国广东、广西、福建、云南、贵州。

果期：6月~次年2月
花色：黄色
果实形态：蓇葖果长圆形

藤状灌木，高达2米，上部枝条蔓延，具白色乳汁，全株无毛。小枝棕褐色，密被灰白色圆形皮孔。叶对生，薄纸质，椭圆状长圆形，长3~10厘米，宽1.5~5厘米，侧脉每边4~9条。花黄绿色，花冠3深裂，裂片顶端延长成一长尾，长达10厘米；裂片内面基部和冠筒喉部有紫红色斑纹，花冠喉部具有10枚舌状鳞片副花冠。蓇葖果广叉生，木质；种子上部渐狭而延长成喙，有白色种毛。

蓇葖果广叉开，木质，椭圆状长圆形，顶端渐尖，基部膨大，长10~15厘米，像山羊的一对角，因此得名"羊角拗"。成熟时由青色转黑色，全株有毒，含强心总苷，系多种强心苷的混合物。

羊角拗

紫纹兜兰
Paphiopedilum purpuratum (Lindl.) Stein

紫红

假苹婆
Sterculia lanceolata Cav.

花期

1
2
3
4
5
6
7
8
9
10
11
12

假苹婆

别名：七姐果、赛苹婆

科属：锦葵科苹婆属

类型：乔木

生态环境及分布：
生于山谷溪边。分布于中国广东、广西、贵州、云南。

果期：6月~9月

花色：淡红色

果实形态：蓇葖果长卵形

假苹婆

假苹婆

常绿乔木，高2~7米，树皮灰褐色。叶片纸质，狭椭圆形、披针形或椭圆状披针形，长8~20厘米，宽3~8厘米，两面无毛，侧脉每边7~9条，全缘。圆锥花序腋生，有花多数，花杂性，无花冠，淡红色；萼片5枚，仅基部连合。蓇葖果2~5，鲜红色，长卵形或长椭圆形，果皮革质，密被短柔毛，顶端有喙；种子黑褐色，有光泽。

蓇葖果皮鲜红色，果实成熟时裂开，晶亮黝黑的种子搭配着鲜红的果皮，每片果皮里有1~5粒椭圆卵状种子，十分抢眼，在华南山野间很常见。

红花荷
Rhodoleia championii Hook. f.

花期

1
2
3
4
5
6
7
8
9
10
11
12

红花荷的花

别名：红苞木

科属：金缕梅科红花荷属

类型：乔木

生态环境及分布：生于山地林中。分布于中国广东、广西、香港。

果期：5月~8月

花色：紫红色

果实形态：蒴果卵圆形

红花荷的蒴果

红花荷

常绿乔木，高12米。叶厚革质，卵形，长7~13厘米，宽4.5~6.5厘米，顶端钝或锐尖，基部宽楔形，下面粉白色，全缘，无毛，侧脉7~9对，干后在两面均隆起；叶柄长3~5.5厘米。头状花序长3~4厘米，形如单花，有花5~6朵，下垂；总花梗长2~3厘米，具5~6鳞片状苞片；苞片圆卵形，外有褐色短柔毛；花两性；萼筒短；花瓣3~4枚，红色，匙形，长2.5~3.5厘米，宽6~8毫米；雄蕊与花瓣等长；子房无毛，胚珠多数，花柱2个，比雄蕊稍短。头状果序宽2.5~3.5厘米，蒴果卵圆形，长1.2厘米。

阳春三月，红花荷盛开时候，常引来鸟类如暗绿绣眼鸟等啄食，上下跳跃其中，活泼不已。在山野观赏红花荷，真是名副其实的"鸟语花香"，春光无限。

现有人工栽培作园林观赏植物。

黄牛木
Cratoxylum cochinchinense (Lour.) Blume

花期

| 1 |
| 2 |
| 3 |
| 4 |
| 5 |
| 6 |
| 7 |
| 8 |
| 9 |
| 10 |
| 11 |
| 12 |

黄牛木

别名：黄牛茶、雀笼木

科属：藤黄科黄牛木属

类型：灌木或乔木

生态环境及分布：
生于丘陵或山地阳坡上的次生林或灌丛中。分布于中国广东、广西及云南南部。

果期：6月

花色：粉红色

果实形态：蒴果椭圆形

黄牛木的花

黄牛木的植株

黄牛木的果实

黄牛木的树干

落叶灌木或乔木，高 1.5~18 米，全体无毛；树皮灰黄色或灰褐色，平滑或有细条纹。叶片椭圆形至长椭圆形或披针形，长 3~10.5 厘米，宽 1~4 厘米，先端骤然锐尖或渐尖，基部钝形至楔形，坚纸质，两面无毛，上面绿色，下面粉绿色，有透明腺点及黑点。聚伞花序腋生或腋外生及顶生，有花 2~3 朵。萼片椭圆形。花瓣粉红、深红至红黄色，倒卵形，长 5~10 毫米，宽 2.5~5 毫米，先端圆形，基部楔形，脉间有黑腺纹，无鳞片。雄蕊束 3 枚。子房圆锥形，3 室；花柱 3 个。蒴果椭圆形，棕色；种子倒卵形。

本种能耐干旱，萌发力强。材质坚硬，纹理精致，供雕刻用；幼果供作烹调香料；嫩叶尚可作茶叶代用品。

木榄
Bruguiera gymnorhiza (L.) Savigny

花期

| 1 | 2 | 3 | 4 | 5 | 6 | 7 | 8 | 9 | 10 | 11 | 12 |

木榄的花萼筒

别名：鸡爪榄、包罗剪定

科属：红树科木榄属

类型：乔木

生态环境及分布：生于浅海和河流出口冲积带的盐滩，分布于中国广东、广西、福建。

果期：全年

花色：紫红色

果实形态：蒴果长柱形

常绿乔木，高3~4米。具膝状呼吸根和支柱根。树皮灰黑色，有粗糙裂纹。叶对生，具长柄，革质，椭圆状矩圆形，长7~15厘米，宽3~5.5厘米，先端尖，稍外卷，全缘。花单生于叶腋；萼筒紫红色，钟形，常作8~12深裂；花瓣与花萼裂片同数，边缘密被白色绢状毛；雄蕊约20枚；花丝弯曲，条形或披针形；花柱长约2厘米，柱头3~4裂。果与宿存被丝托贴生成钟状；胚轴纺锤形，长15~25厘米，胎生。

木榄也是著名的红树林植物之一，跟秋茄树相似，也具有胎生现象，胚轴在母株上发育成苗后，再落入泥土里生长成新的独立植株，常散落混生在秋茄树群里。

木榄的胚轴

水东哥
Saurauia tristyla DC.

花期

1
2
3
4
5
6
7
8
9
10
11
12

水东哥

别名：水枇杷、白饭木、白饭果

科属：猕猴桃科水东哥属

类型：灌木或小乔木

生态环境及分布：

生于丘陵、低山山谷或山坡林中。分布于中国云南、广西、广东、福建南部；印度至马来西亚也有分布。

果期：3月~7月

花色：粉红色

果实形态：浆果球形

水东哥的果实

水东哥

灌木或小乔木，高3~6米；幼枝有锈色鳞片状伏毛，不久毛渐脱落。叶纸质或薄革质，矩圆形、倒卵状矩圆形或宽椭圆形，长10~28厘米，宽4~11厘米，幼时有稀疏的鳞片状糙伏毛，后变无毛，侧脉每边12~20条；叶柄长1.5~4厘米。聚伞花序有总花梗，腋生或生老枝的叶痕腋部；花淡红色，直径8~10毫米；花梗长8~10毫米；萼片5枚，卵形，长约4毫米；花瓣5枚，基部合生，长约8毫米，上部向外反折；雄蕊多数；子房卵形，花柱上部有3~4个分枝。浆果近球形，直径6~10毫米；种子小，多数。

深圳梧桐山泰山涧和老虎涧多分布，临溪水而生，果实成熟时球形，浅白色。

毛棉杜鹃花
Rhododendron moulmainense Hook.f.

花期

1
2
3
4
5
6
7
8
9
10
11
12

毛棉杜鹃花

别名：丝线吊芙蓉、羊角杜鹃

科属：杜鹃花科杜鹃属

类型：灌木或小乔木

生态环境及分布：
生于海拔700~1500米的灌丛或疏林中。分布于中国江西、福建、湖南、广东、广西、四川、贵州、云南。

果期：6月~11月

花色：粉红色

果实形态：蒴果圆柱形

灌木或小乔木，高2~4米。叶厚革质，集生枝端，近于轮生，长圆状披针形或椭圆状披针形，长5~12厘米，宽2.5~8厘米，先端渐尖至短渐尖，基部楔形或宽楔形，边缘反卷，上面深绿色，叶脉凹陷，下面淡黄白色或苍白色，两面无毛；叶柄粗壮。数伞形花序生枝顶叶腋，每花序有花3~5朵；花冠淡紫色、粉红色或淡红白色，狭漏斗形，长4.5~5.5厘米，5深裂，裂片开展，匙形或长倒卵形，顶端浑圆或微凸起；雄蕊10枚；子房长圆筒形。蒴果圆柱状，花柱宿存。

毛棉杜鹃花

吊钟花
Enkianthus quinqueflorus Lour.

花期

1
2
3
4
5
6
7
8
9
10
11
12

吊钟花的花

别名：山连召、白鸡烂树、铃儿花

科属：杜鹃花科吊钟花属

类型：灌木

生态环境及分布：
生于海拔 600~2400 米的丘陵灌丛中。分布于中国江西、福建、湖北、湖南、广东、广西、四川、贵州、云南。

果期：5月~7月

花色：粉红色

果实形态：蒴果圆柱形

吊钟花的果实

吊钟花

　　落叶或半常绿灌木,高 1~3 米,多分枝;全体无毛。叶聚生于枝顶,矩圆形或倒卵状矩圆形,长 5~10 厘米,宽 2~4 厘米,渐尖,边缘反卷,全缘或往往向顶端有少数疏细齿,革质而光亮,网脉两面都强度隆起。花下垂,通常 5~8 朵成伞形花序,从枝顶覆瓦状排列的红色大苞片内生出;苞片长方形、匙形或条形,膜质;花梗长约 1.5 厘米;萼片披针形,长 2~4 毫米;花冠宽钟状,长约 1.2 厘米,通常粉红色或红色,口部 5 裂,裂片钝,外弯,常白色;雄蕊短于花冠。蒴果椭圆形,有 5 棱,裂开时 5 瓣,种子狭长形。

　　吊钟花通常在农历新年春节前后开花,英文又叫"Chinese New Year Flower"。在清代开始已有吊钟花作为年花的习俗,取其"金钟一响,黄金万两"的吉兆,象征着财运滚滚来;同时,吊钟花的花朵都是生长在枝头顶上,亦有高中科举之寓意。

毛菍
Melastoma sanguineum Sims

花期

| 1 | 2 | 3 | 4 | 5 | 6 | 7 | 8 | 9 | 10 | 11 | 12 |

毛菍

别名：毛稔

科属：野牡丹科野牡丹属

类型：灌木

生态环境及分布：
生于海拔400米以下的地区，常见于坡脚、沟边阳光充足而湿润的草丛或矮灌丛中。分布于中国广西、广东。

果期：8月~10月

花色：粉红色

果实形态：蒴果球形

毛菍的果实

毛菍

大灌木，高1.5~3米；茎、小枝、叶柄、花梗及花萼均被平展的长粗毛。叶片坚纸质，卵状披针形至披针形，顶端长渐尖或渐尖，基部钝或圆形，长8~15厘米，宽2.5~8厘米，全缘，基出脉5，两面被藏于表皮下的糙伏毛，背面脉上被基部膨大的疏糙伏毛。伞房花序，顶生，常有花1朵，有时3~5朵；花瓣粉红色或紫红色，宽倒卵形，上部略偏斜，长3~5厘米；雄蕊10枚，5长5短；子房密被刚毛。果杯状球形，胎座肉质多汁，为宿存萼所包，宿存萼密被红色长硬毛。果可食。

野牡丹
Melastoma malabathricum L.

花期

| 1 | 2 | 3 | 4 | 5 | 6 | 7 | 8 | 9 | 10 | 11 | 12 |

野牡丹

别名：山石榴、大金香炉、猪古稔

科属：野牡丹科野牡丹属

类型：灌木

生态环境及分布：生于海拔120米以下灌丛中。分布于中国台湾、福建、湖南、广东、广西、云南。

果期：10月~12月

花色：粉红色

果实形态：蒴果圆柱形

灌木，高0.5~1.5米，分枝多；茎钝四棱形或近圆柱形，密被紧贴的鳞片状糙伏毛。叶片坚纸质，卵形或广卵形，顶端急尖，基部浅心形或近圆形，长4~10厘米，宽2~6厘米，全缘，7基出脉，两面被糙伏毛及短柔毛。伞房花序生于分枝顶端，近头状，有花3~5朵，稀单生；花萼长约2.2厘米，密被鳞片状糙伏毛及长柔毛，裂片卵形，两面均被毛；花瓣玫瑰红色或粉红色，倒卵形，长3~4厘米，顶端圆形，密被缘毛；子房半下位，密被糙伏毛，顶端具1圈刚毛。蒴果坛状球形，与宿存萼贴生，长1~1.5厘米，直径8~12毫米，密被鳞片状糙伏毛；种子镶于肉质胎座内。

是酸性土壤常见的植物。

棱果花
Barthea barthei (Hance ex Benth.) Krass.

花期

| 1 | 2 | 3 | 4 | 5 | 6 | 7 | 8 | 9 | 10 | 11 | 12 |

棱果花

别名：毛药花、大野牡丹、棱果木、芭茜

科属：野牡丹科棱果花属

类型：灌木

生态环境及分布：
常见于海拔 400~1300 米的山坡或山谷、山顶疏、密林中。分布于中国湖南、广西、广东、福建及台湾。

果期：10 月 ~12 月

花色：粉红色

果实形态：蒴果长圆形

棱果花

棱果花

灌木，高70~150厘米，有时达3米；茎圆柱形，皮木栓化，小枝略四棱形，幼时被微柔毛及腺状秕糠。叶片坚纸质或近革质，椭圆形、近圆形、卵形或卵状披针形，顶端渐尖，基部楔形或宽楔形，长6~11厘米，宽2.5~5.5厘米，全缘或具细锯齿，基出脉5，两面无毛，背面密被秕糠。聚伞花序，顶生，有花3朵，常仅1朵成熟；花萼钟形，四棱形，密被秕糠；花瓣白色至粉红色或紫红色，长圆状椭圆形或近倒卵形，上部偏斜，长1.1~1.8厘米，宽9.5~16毫米；雄蕊4长4短；子房梨形，无毛，顶端无冠。蒴果长圆形，具四棱，棱上具狭翅。

地菍
Melastoma dodecandrum Lour.

花期

1
2
3
4
5
6
7
8
9
10
11
12

地菍

别名：鸟地梨、地稔

科属：野牡丹科野牡丹属

类型：灌木

生态环境及分布：
生于山坡或草丛中。分布于中国华东、华南、湖南、贵州等。

果期：7月~9月

花色：紫红色

果实形态：浆果球形

常绿小灌木，长10~30厘米；茎匍匐上升，逐节生根。叶对生，坚纸质，卵形或椭圆形，长1~4厘米，宽0.8~3厘米；3~5基出脉，下面基出脉上被疏糙伏毛。聚伞花序顶生，有花1~3朵；萼片5枚，披针形；花瓣淡紫红色至紫红色；雄蕊10枚，5长5短，子房顶端具刺毛。浆果坛状球形，长7~9毫米，生疏糙伏毛。

浆果成熟时呈紫黑色，果汁多，味甜，可以鲜食、酿酒或者提取食用色素。

地莶的果实

地桃花

Urena lobata L.

花期

1
2
3
4
5
6
7
8
9
10
11
12

地桃花

别名：肖梵天花、黐头婆

科属：锦葵科梵天花属

类型：灌木

生态环境及分布：
生于海拔 50~700 米的旷野草丛或路边。分布于中国华南、西南、华东。

果期：7月~次年2月

花色：粉红色

果实形态：蒴果扁球形

地桃花的蒴果

地桃花

　　直立小灌木，高达1米；小枝、叶柄、花梗均被星状柔毛。叶片纸质，叶形多样，生于茎基部的叶轮廓近圆形，长4~7厘米，宽2~6厘米，叶缘具不规则锯齿；生于茎上部的叶较小，卵形，边缘不裂或浅裂。花通常单生，少2~3朵簇生，腋生；花萼杯状，裂片三角形，急尖，结果时直立；花瓣5枚，粉红色。蒴果扁球形；分果瓣具锚状钩刺和星状柔毛，成熟时和中轴分离。

　　地桃花的别名也叫"黐头婆"，意思是紧粘不放。它的球形果上布满了锚状钩刺，当人或者牲口走过的时候，会粘在人的衣服或者牲口的身体上，把它们携带到更远的地方去播种、繁殖，扩大了生存范围。

山芝麻
Helicteres angustifolia L.

花期

1
2
3
4
5
6
7
8
9
10
11
12

山芝麻

别名：山油麻、山脂麻

科属：锦葵科山芝麻属

类型：灌木

生态环境及分布：
生于荒地或草坡。分布于中国华南、华东、西南。

果期：8月~10月

花色：紫红色

果实形态：蒴果长圆形

山芝麻的果实

山芝麻的花

小灌木，高达 1 米，茎直立，下部多分枝，密被黄色星状毛。叶片纸质，狭长圆形或条状披针形，长 3.5~5 厘米，宽 0.8~2.5 厘米，上面近无毛，下面被灰白色或淡黄色状茸毛，间或混生刚毛。聚伞花序有花 2~4 朵，腋生，花瓣 5 枚，淡紫红色。子房卵球形，5 室。蒴果卵状长圆形，密被毛；种子褐色，有椭圆形的突起。

山芝麻的蒴果跟我们食用的芝麻（*Sesamum indicum* L.）外形相似，所以得名"山芝麻"。果实 9 月中旬成熟时由青色变成褐色，底荚开始裂荚，顶荚变黄。

根、茎、叶、果实都有毒，误食过量会出现腹泻、头疼、呕吐、恶心等症状。

桃金娘
Rhodomyrtus tomentosa (Aiton) Hassk.

花期

| 1 | 2 | 3 | 4 | 5 | 6 | 7 | 8 | 9 | 10 | 11 | 12 |

桃金娘

别名：岗稔、山稔

科属：桃金娘科桃金娘属

类型：灌木

生态环境及分布：
生于海拔低的丘陵坡地。分布于中国福建、广东、广西、云南等省区。

果期：6月~9月

花色：紫红色

果实形态：浆果壶形

灌木，高1~2米；嫩枝有灰色柔毛。叶革质，对生，椭圆形或倒卵形，长3~8厘米，宽1~5厘米；离基三出脉直达先端汇合，侧脉每边7~8条，网脉明显。聚伞花序腋生1~3朵，紫红色，花瓣5枚，倒卵形，雄蕊多数；子房3室。浆果卵状壶形，成熟时紫黑色；种子多数。

桃金娘的果实幼时青色，然后转淡红色，熟时紫红色。果汁紫红，味道极甜可口，深受大家喜欢，可以鲜食或酿酒，但不能多吃，因其种子多，难以消化，容易导致便秘。

桃金娘的果实

四子马蓝

Strobilanthes tetrasperma (Champ. ex Benth.) Druce

花期

1 2 3 4 5 6 7 8 9 10 11 12

四子马蓝

别名：黄猄草

科属：爵床科马蓝属

类型：草本

生态环境及分布：生于密林中。分布于中国四川、重庆、贵州、湖北、湖南、江西、福建、广东、香港、海南、广西。

果期：10月~次年2月

花色：淡红色或淡紫色

果实形态：蒴果椭圆形

直立或匍匐草本；茎细瘦，近无毛。叶纸质，卵形或近椭圆形，顶端钝，基部渐狭或稍收缩，边缘具圆齿，长2~7厘米，宽1~2.5厘米；侧脉每边3~4条；叶柄长5~25毫米。穗状花序短而紧密，通常仅有花数朵；苞片叶状，倒卵形或匙形，具羽状脉，长约1.5厘米，和2枚线形、长5~6毫米的小苞片及萼裂片均被扩展，流苏状缘毛；花萼5裂，裂片长0.6~0.7厘米，稍钝头；花冠淡红色或淡紫色，长约2厘米，外面被短柔毛，内有长柔毛，冠檐裂片几相等，直径约3毫米，被缘毛。雄蕊4枚。蒴果长约1厘米，顶部被柔毛。

四子马蓝

华凤仙
Impatiens chinensis L.

花期

1
2
3
4
5
6
7
8
9
10
11
12

华凤仙

别名：水指甲花、象鼻花

科属：凤仙花科凤仙花属

类型：草本

生态环境及分布：喜生于田边、水沟旁和沼泽地上。分布于中国浙江、江西、福建、广东、广西、云南。

果期：5月~12月

花色：紫红色

果实形态：蒴果椭圆形

华凤仙

华凤仙的生态环境

一年生草本，高 30~60 厘米。茎下部平卧，生不定根，上部直立。叶对生，无柄或近无柄，条形或条状矩圆形至倒卵形，长 2~10 厘米，宽 0.5~1 厘米，先端急尖或钝，基部圆形或近心形，边缘疏生小锯齿，上面无毛或有微糙毛，下面灰绿色。花梗在叶腋单生，少有 2~3 个聚生；花较大，紫红色或白色；萼片 2 枚，条形；旗瓣圆形，背面中肋有狭龙骨突，先端小突尖；翼瓣无柄，2 裂，基部裂片矩圆形，上部裂片大，宽斧形，背面有小耳；唇瓣舟状，基部延长成内弯或旋卷的长距；花药顶端钝。蒴果椭圆形，中部膨大。

深圳大鹏半岛杨梅坑有分布，生长在水沟沼泽地里。

红孩儿

Begonia palmata var. *bowringiana* (Champ. ex Benth.) Golding et Kareg.

红孩儿的花

别名：裂叶秋海棠

科属：秋海棠科秋海棠属

类型：草本

生态环境及分布：生于海拔 150~700 米的山沟杂木林中或水沟旁，分布于中国华南、西南。

果期：9月开始

花色：粉红色

果实形态：蒴果三角形

红孩儿的蒴果

红孩儿

多年生草本，高 20~50 厘米。根状茎伸长，长圆柱状，匍匐，节膨大，茎直立，有明显沟纹。茎生叶互生，具柄；叶片两侧不相等，轮廓斜卵形或偏圆形，长 5~16 厘米，宽 3.5~13 厘米，先端渐尖至长渐尖，基部微心形至心形，边缘有疏而极浅的三角形锯齿，齿尖常有短芒，掌状 3~7 浅裂至深裂，上面深绿色，散生短小硬毛，下面淡绿色，亦被短小之毛，沿脉较密，有时有绒毛状之毛，掌状 5~7 条脉。花玫瑰色、白色至粉红色，4 至数朵，排成 2~3 回复二歧聚伞状花序。蒴果下垂，梗长 2.5~3.2 厘米，具不等大 3 翅，大翅为长圆形或斜三角形，有明显纵纹，无毛，其余 2 个翅较窄；种子极多数，小，长圆形，淡褐色，光滑。

深圳梧桐山有分布。

半边莲
Lobelia chinensis Lour.

花期

1
2
3
4
5
6
7
8
9
10
11
12

半边莲

别名：瓜仁草、细米草、急解索

科属：桔梗科半边莲属

类型：草本

生态环境及分布：
生于水田边、沟边或潮湿草地。分布于中国长江以南各省区。

果期：5月~10月

花色：粉红色

果实形态：蒴果椭圆形

半边莲的花

半边莲

多年生草本，有白色乳汁。茎平卧，在节上生根，分枝直立，高6~15厘米，无毛。叶互生，无柄或近无柄，狭披针形或条形，长8~25毫米，宽2~5毫米，顶端急尖，边全缘或有波状小齿，无毛。花通常1朵生分枝上部叶腋，花梗长12~18毫米，无小苞片；花萼无毛，裂片5枚，狭三角形，长3~6毫米；花冠粉红色，近一唇形，长约1.2厘米，裂片5枚，无毛；雄蕊5枚，长约8毫米，花丝上部、花药合生，下面2花药顶端有髯毛；子房下位，2室。

深圳各地有分布，如仙湖植物园药草区、东湖公园及坪地村落一些菜地田埂、水渠边。

唇柱苣苔
Chirita sinensis Lindl.

花期

1
2
3
4
5
6
7
8
9
10
11
12

唇柱苣苔

科属：苦苣苔科唇柱苣苔属

类型：草本

生态环境及分布：生长在潮湿溪边岩石缝处。分布于中国广东西部和西北部、香港。

果期：8月~11月

花色：紫红色

果实形态：蒴果椭圆形

多年生草本，具粗根状茎。叶基生；叶片草质或纸质，椭圆状卵形或近椭圆形，长5~10厘米，宽3.5~4.8厘米，顶端钝、圆形或急尖形，基部稍斜，宽楔形、近圆形或楔形，边缘波状或有浅钝齿，两面被伏柔毛，下面沿脉毛较密。花序1~2条，每花序有1~3花；花萼长4~5毫米，5裂达基部；裂片狭卵形，稀圆卵形，宽1.5~2毫米，顶端钝或圆形，外面疏被短柔毛，内面无毛。花冠白色或带淡紫色，下唇内有2黄色纵条，上唇带暗紫色，长3.5~4厘米，外面有疏柔毛。花药长约3毫米，无毛；退化雄蕊长约6毫米，被短柔毛。子房和花柱密被短柔毛。蒴果长约4厘米，被柔毛。

唇柱苣苔的花和蒴果

圆叶节节菜
Rotala rotundifolia (Buch.-Ham. ex Roxb.) Koehne

花期

| 1 | 2 | 3 | 4 | 5 | 6 | 7 | 8 | 9 | 10 | 11 | 12 |

圆叶节节菜

别名：指甲叶、肥猪菜、水瓜子

科属：千屈菜科节节菜属

类型：草本

生态环境及分布：生于水田中或湿地上。分布于中国长江以南各省区。

果期：12月~次年6月

花色：淡紫红色

果实形态：蒴果椭圆形

圆叶节节菜的花

圆叶节节菜

一年生草本，常丛生，高 10~30 厘米。茎无毛，通常紫色。叶对生，通常圆形，较少倒卵状椭圆形，边缘不为软骨质，长宽各 0.4~1 厘米，无毛，无柄或具短柄。花很小，两性，长 1.5~2.5 毫米，组成 1~5 个顶生的穗状花序；苞片卵形或宽卵形，约与花等长，小苞片 2 枚，钻形，长约为苞片的一半；花萼宽钟形，膜质，半透明，长 1~1.5 毫米，顶端具 4 齿；花瓣 4 枚，倒卵形，淡紫红色，长 1.5~2 毫米，明显长于萼齿；雄蕊 4 枚；子房上位。蒴果椭圆形，长约 0.2 厘米，表面具横线条；种子无翅。

本种是中国南部水稻田的主要杂草之一，群众常用作猪饲料，所以别名也叫作"肥猪菜"。

紫纹兜兰

Paphiopedilum purpuratum (Lindl.) Stein

花期

1
2
3
4
5
6
7
8
9
10
11
12

紫纹兜兰的植株

别名：香港兜兰、香港拖鞋兰

科属：兰科兜兰属

类型：草本

生态环境及分布：
生于海拔700米以下的林下、溪谷或岩石上。分布于中国香港、广东、广西等地。

花色：紫红色

果实形态：蒴果纺锤形

　　紫纹兜兰的属名"*Paphiopedilum*"中的"pedilum"是来自于希腊语"pedilon"，意思为拖鞋，所以兜兰有个俗名叫作"拖鞋兰"。

　　地生植物，草本。叶基生，3~8枚；叶片狭椭圆形，长7~18厘米，宽2.3~4.2厘米，上面具暗绿色与浅黄绿色相间的网格斑，背面浅绿色。花茎直立，长12~23厘米，紫色，密被短柔毛，顶端生1花，直径7~8厘米，中萼片白色而有紫色或紫红色粗脉纹，合萼片淡绿色而有深色脉，花瓣紫红色或浅栗色而有深色纵脉纹、绿白色晕和黑色疣点，唇瓣紫褐色或淡栗色，中萼片卵状心形，长与宽各为2.5~4厘米，合萼片卵形或卵状披针形，花瓣近长圆形，长3.5~5厘米，宽1~1.6厘米，先端渐尖，上面仅有疣点而通常无毛，边缘有缘毛；唇瓣倒盔状，退化雄蕊肾状半月形或倒心状半月形，长约8毫米，宽约1厘米。蒴果纺锤形。

　　紫纹兜兰依靠颜色以及其奇特的结构来吸引昆虫授粉。当昆虫不小心进入拖鞋状的唇瓣后，唇瓣内壁光滑无法停留，身上沾满花粉，只能顺着唇瓣后方蕊株那条狭窄的通道口出去，从而达到授粉的目的。这是植物自身设计的"陷阱"。

紫纹兜兰

鹤顶兰
Phaius tankervilleae (Banks) Blume

花期

1
2
3
4
5
6
7
8
9
10
11
12

鹤顶兰

科属：兰科鹤顶兰属

类型：草本

生态环境及分布：
生于海拔700~800米的林缘、沟谷或溪边阴湿处。分布于中国台湾、福建、广东、香港、海南、广西、云南和西藏东南部。

花色：粉红色

果实形态：蒴果椭圆形

　　植物体高大。假鳞茎圆锥形，长约6厘米或更长，基部粗6厘米，被鞘。叶2~6枚，互生于假鳞茎的上部，长圆状披针形，长达70厘米，宽达10厘米，先端渐尖，基部收狭为长达20厘米的柄，两面无毛。花茎从假鳞茎基部或叶腋发出。总状花序具多数花；花苞片大，膜质，通常早落，舟形，先端急尖，无毛；花大，美丽，背面白色，内面暗赭色或棕色，直径7~10厘米；萼片近似长圆状披针形，先端短渐尖，具7条脉，无毛；花瓣长圆形，与萼片等长而稍狭，先端稍钝或锐尖；唇瓣贴生于蕊柱基部，背面白色带茄紫色的前端，内面茄紫色带白色条纹；侧裂片短而圆，围抱蕊柱而使唇瓣呈喇叭状；中裂片近圆形或横长圆形，先端截形而微凹或圆形而具短尖头，边缘稍波状；唇盘密被短毛，通常具2条褶片；距细圆柱形，长约1厘米，呈钩状弯曲，末端稍2裂或不裂；蕊柱白色，细长；蕊喙大，近舌形；花粉团卵形，近等大。

鹤顶兰

竹叶兰
Arundina graminifolia (D.Don) Hochr.

花期

1
2
3
4
5
6
7
8
9
10
11
12

竹叶兰的花

别名：禾叶兰

科属：兰科竹叶兰属

类型：草本

生态环境及分布：
生于海拔400~2800米的草坡、溪谷旁、灌丛下或林中，分布于中国华南、华东、西南。

果期：9月~11月

花色：紫红色

果实形态：蒴果长圆形

竹叶兰的蒴果

竹叶兰

多年生草本，植株高 40~80 厘米。地下根状茎常在连接茎基部处呈卵球形膨大，貌似假鳞茎，具较多的纤维根。茎直立，圆柱形，细竹竿状，通常为叶鞘所包，具多枚叶。叶线状披针形，薄革质或坚纸质，通常长 8~20 厘米，宽 3~15 毫米，先端渐尖，基部具圆筒状的鞘；鞘抱茎。总状或基部有 1~2 个分枝而成圆锥状，具 2~10 朵花；花苞片宽卵状三角形，基部围抱花序轴，长 3~5 毫米；花紫红色；萼片狭椭圆形或狭椭圆状披针形；花瓣椭圆形或卵状椭圆形，与萼片几乎等长；唇瓣轮廓近长圆状卵形，3 裂；侧裂片钝，内弯，围抱蕊柱；中裂片近方形，先端 2 浅裂或微凹；唇盘上有 3 条褶片。蒴果近长圆形。

深圳梧桐山、马峦山、排牙山等山地常见。

红花酢浆草
Oxalis corymbosa DC.

花期

1
2
3
4
5
6
7
8
9
10
11
12

红花酢浆草

别名：大酸味草、铜锤草

科属：酢浆草科酢浆草属

类型：草本

生态环境及分布：
生于低海拔的山地、路旁、荒地或水田中。原产于南美热带地区；中国华东、华中、华南、西南等地均有归化。

果期：3月~12月

花色：紫红色

果实形态：蒴果短条形

红花酢浆草的主根及鳞茎

红花酢浆草

多年生草本，高达35厘米。主根圆锥状，肥厚，肉质，半透明，有多数根须；地下部分有多数小鳞茎，鳞片褐色，有3纵棱。三小叶复叶，均基生；小叶阔倒卵形，长约3.5厘米，先端凹缺，被毛，两面有棕红色瘤状小腺点；叶柄长15~24厘米，被毛。伞房花序基生与叶等长或稍长，有5~10朵花；花淡紫红色；萼片5枚，顶端有2红色长形小腺体；花瓣5枚；雄蕊10枚，5长5短，花丝下部合生成筒，上部有毛；子房长椭圆形，花柱5个，分离。蒴果短条形，角果状，长1.7~2厘米，有毛。

土人参
Talinum paniculatum (Jacq.) Gaertn.

花期

| 1 | 2 | 3 | 4 | 5 | 6 | 7 | 8 | 9 | 10 | 11 | 12 |

土人参

别名：假人参

科属：土人参科土人参属

类型：草本

生态环境及分布：
生于路旁、田边潮湿地。
分布于中国华南及华中。

果期：全年

花色：紫红色

果实形态：蒴果球形

土人参的根

土人参

一年生草本，全株无毛，高达60厘米。主根粗壮，分枝如人参，褐色。叶倒卵形或倒卵状披针形，长5~10厘米，宽2.5~5厘米，顶端急尖，有时微凹，具短尖头，基部狭楔形，全缘。圆锥花序顶生或腋生，多呈二歧分枝；花小，花瓣5枚，粉红色。蒴果球形，红褐色，3瓣裂，种子多数，黑色有光泽。蒴果红褐色，有3条棱线，成熟后表皮变薄，3条棱线开裂，散落出许多细小的黑色种子，随风四处飞扬，很快又长出许多幼苗，繁殖力极强。

积雪草
Centella asiatica (L.) Urb.

花期

1
2
3
4
5
6
7
8
9
10
11
12

积雪草

别名：崩大碗、雷公根

科属：伞形科积雪草属

类型：草本

生态环境及分布：
生于路旁、田边等阴湿处。分布于中国江苏、浙江、江西、福建、广东、广西、云南、四川。

果期：4月~10月

花色：紫红色

果实形态：双悬果扁圆形

积雪草的花

积雪草

多年生草本；茎细长，匍匐，节上生根，无毛或稍有毛。单叶互生，叶片肾形或近圆形，直径1~5厘米，基部深心形，边缘有宽钝齿，无毛或疏生柔毛，具掌状脉5~7条；叶柄长5~15厘米，基部鞘状；无托叶。伞形花序单生或2~3个腋生，每个有花3~6朵，紫红色；总花梗长2~8毫米；总苞片2枚，卵形；花梗极短；雄蕊短于花瓣，花药椭圆形；花柱与花丝近等长。双悬果扁圆形，长2~2.5毫米，主棱和次棱极明显，棱与棱间有隆起的网纹相连。

野菰
Aeginetia indica L.

花期

1
2
3
4
5
6
7
8
9
10
11
12

野菰的花

别名：烟斗花、鸭脚板、马口含珠

科属：列当科野菰属

类型：草本

生态环境及分布：
寄生于禾草类植物根上。分布于中国华南、华东、西南。

果期：8月~10月

花色：紫红色

果实形态：蒴果圆锥形

一年生寄生草本，高13~35厘米。茎自基部分枝，黄褐色或紫红色。叶鳞片状，疏生于茎的基部。花紫色，单生，具长花梗；花萼佛焰苞状，一侧斜裂，长1.5~2厘米，顶端尖；花冠近唇形，长2~3厘米，筒部宽，稍弯曲，顶端5浅裂，裂片短，近圆形，全缘；雄蕊4枚，着生于筒的近基部处，花药成对黏合，仅1室发育，近下唇一对的药隔基部延长成一距；心皮2，胎座4个，柱头盾形。蒴果圆锥状；种子小，多数。
梧桐山电视塔附近路边的茅草丛中分布甚多。

野菰

匙叶茅膏菜
Drosera spathulata Labill.

花期

1
2
3
4
5
6
7
8
9
10
11
12

匙叶茅膏菜

别名：小毛毡苔
科属：茅膏菜科茅膏菜属
类型：草本
生态环境及分布：生于山坡和岩石间的灌丛或草丛中。分布于中国广东、广西、福建、台湾、云南等省区。
果期：3月~9月
花色：紫红色
果实形态：蒴果倒三角形

多年生草本，茎短，不具地下球茎。叶莲座状密集，紧贴地面；托叶膜质，淡红色，长4~6毫米；叶柄扁平，自下向上渐扩大，下部无毛，上部具腺毛；叶片倒卵形、匙形或楔形，最宽处2~5毫米，叶缘密被长腺毛，叶面腺毛较短，叶背无毛或疏被腺毛。螺状聚伞花序花茎状，长4~16厘米，具10~20朵花；花序柄密被腺毛；苞片钻形，长约2毫米；花柄长1~3毫米；花萼5枚，披针形，全缘或两边各具1腺齿。花瓣5枚，倒卵形，长约2.2毫米，紫红色；雄蕊5枚，长约2毫米，花丝扁平，花药长圆形；子房椭圆球形，侧膜胎座3个，花柱3个。蒴果，果瓣3，倒三角形，内卷；种子小，黑色，卵形或椭圆形，种皮呈蜂窝状。

匙叶茅膏菜是著名的食虫植物之一，广泛生长在华南地区山野潮湿近水地方。叶片腺毛会分泌出黏汁。当昆虫或其他微生物靠近时，触动腺毛，会把它们当做猎物紧紧粘住，再消化尸体从而吸取养分。除了茅膏菜，还有猪笼草也是野生食虫植物之一。

匙叶茅膏菜

含羞草
Mimosa pudica L.

花期

1
2
3
4
5
6
7
8
9
10
11
12

含羞草的花

别名：怕羞草

科属：豆科含羞草属

类型：草本

生态环境及分布：
原产于热带美洲，现广布于世界热带地区。生于旷野荒地、灌木丛中，分布于中国华南、西南。

果期：5月~11月

花色：紫红色

果实形态：荚果长圆形

含羞草

含羞草的果实

亚灌木状草本，高可达1米；茎圆柱状，具分枝，有散生、下弯的钩刺及倒生刺毛。托叶披针形，长5~10毫米，有刚毛。羽片和小叶触之即闭合而下垂；羽片通常2对，指状排列于总叶柄之顶端，长3~8厘米；小叶10~20对，线状长圆形，长8~13毫米，宽1.5~2.5毫米，先端急尖，边缘具刚毛。头状花序圆球形，直径约1厘米，具长总花梗，单生或2~3个生于叶腋；花小，淡红色，多数；苞片线形；花萼极小；花冠钟状，裂片4枚，外面被短柔毛；雄蕊4枚，伸出于花冠之外；子房有短柄，无毛；胚珠3~4颗，花柱丝状，柱头小。荚果长圆形，长1~2厘米，宽约5毫米，扁平，稍弯曲，荚缘波状，具刺毛，成熟时荚节脱落，荚缘宿存；种子卵形，长3.5毫米。

香港双蝴蝶
Tripterospermum nienkui (C. Marquand) C.J.Wu

花期

| 1 | 2 | 3 | 4 | 5 | 6 | 7 | 8 | 9 | 10 | 11 | 12 |

香港双蝴蝶的花

别名：香港蝴蝶草、肺形草

科属：龙胆科双蝴蝶属

类型：草本

生态环境及分布：
生于海拔500~1800米的山谷密林中或山坡路旁疏林中。分布于中国湖南、福建、浙江、广西、广东。

果期：9月~次年1月

花色：紫红色

果实形态：浆果椭圆形

香港双蝴蝶的果实

香港双蝴蝶的果实

多年生缠绕草本，具紫褐色短根茎。根纤细、线形。茎暗紫色或绿色，近圆形、具细条棱，螺旋状扭转。基生叶丛生，卵形，长3~6厘米，宽1.5~3厘米，先端急尖，基部宽楔形；茎生叶卵形或卵状披针形，长5~9厘米，宽2~4厘米，先端渐尖，有时呈短尾状，基部近心形或圆形，边缘微波状，叶脉3~5条。花单生叶腋，或2~3朵呈聚伞花序；花萼钟形，萼筒长8~12毫米，沿脉具翅，裂片披针形，长7~10毫米；花冠紫色，狭钟形，长4~5厘米，裂片卵状三角形；雄蕊着生于冠筒下半部，不整齐，花丝线形，花药矩圆形；子房矩圆形。浆果紫红色，近圆形至短椭圆形，稍扁，两端圆形或平截，花柱宿存；种子紫黑色，椭圆形，表面具网纹。

在深圳的梧桐山、排牙山、田心山、三洲田、梅沙尖等地有分布。

青葙
Celosia argentea L.

花期 1–12

青葙

别名：野鸡冠花、指天笔

科属：苋科青葙属

类型：草本

生态环境及分布：生于平原或山坡，野生或栽培。分布几遍全中国。

果期：6月~10月

花色：紫红色

果实形态：胞果卵形

一年生草本，高30厘米~1米，全株无毛；茎直立，有分枝，绿色或红色，具明显条纹。叶矩圆状披针形至披针形，长5~8厘米，宽1~3厘米，绿色常带红色，顶端急尖或渐尖，具小芒尖，基部渐狭。穗状花序长3~10厘米；苞片、小苞片和花被片干膜质，光亮，淡红色；雄蕊花丝下部合生成杯状。胞果卵形，长3~3.5毫米，盖裂；种子肾状圆形，黑色，光亮。

花序宿存经久不凋，可供观赏。全植株可作饲料。

青葙的花

亮叶鸡血藤
Callerya nitida (Benth.) R.Geesink

花期

1
2
3
4
5
6
7
8
9
10
11
12

亮叶鸡血藤

别名：亮叶崖豆藤

科属：豆科鸡血藤属

类型：藤状灌木

生态环境及分布：
生于山地疏林中。分布于中国华南、华东及贵州东部。

果期：7月~11月

花色：紫红色

果实形态：荚果线状长圆形

亮叶鸡血藤茎的横切面

亮叶鸡血藤

攀缘灌木。茎皮锈褐色，粗糙，枝初被锈色细毛，后秃净。羽状复叶长15~20厘米；叶柄长3~6厘米；托叶线形；小叶2对，硬纸质，卵状披针形或长圆形，长5~9厘米，宽3~4厘米，先端钝尖，基部圆形或钝，上面光亮无毛，有时中脉有毛，下面无毛或被稀疏柔毛，侧脉5~6对，达叶喙向上弧曲，细脉网状，两面均隆起；小叶柄长约0.3厘米；小托叶锥刺状，长约0.2厘米。圆锥花序顶生，粗壮，长10~20厘米，密被锈褐色绒毛，生花枝通直，粗壮，长6~10厘米；花单生；苞片卵状披针形；花梗长0.4~0.8厘米；花萼钟状，密被绒毛，萼短于萼筒；花冠青紫色，旗瓣密被绢毛，长圆形，近基部具2胼胝体，翼瓣短而直，基部戟形，龙骨瓣镰形，瓣柄长占1/3。荚果线状长圆形，长10~14厘米，宽1.5~2厘米，密被黄褐色绒毛，顶端具尖喙，基部具颈，瓣裂；有种子4~5粒；种子栗褐色，光亮。

厚藤
Ipomoea pes-caprae (L.) R. Br.

花期

| 1 | 2 | 3 | 4 | 5 | 6 | 7 | 8 | 9 | 10 | 11 | 12 |

厚藤在沙地的植株

别名：马鞍藤、马蹄金、沙藤、走马风

科属：旋花科番薯属

类型：藤本

生态环境及分布：
生于海滨沙滩或灌丛中。分布于中国华南、华东等地。

果期：全年

花色：紫红色

果实形态：蒴果球形

厚藤的果壳

厚藤

多年生匍匐藤本，基部木质化，有乳汁。茎粗壮，红紫色，光滑，节上生不定根。叶互生，宽椭圆形或近圆形，质厚，长3~7厘米，宽2~5厘米，顶端凹陷，形似马鞍，具柄。聚伞花序，有花1~3朵，腋生，总花梗长3~5厘米；苞片2枚，卵状披针形；萼片5枚，椭圆形或近圆形，长8~10毫米，顶端钝圆；花冠漏斗状，紫红色，长4.5~5厘米，顶端5浅裂；雄蕊5枚，不等长；子房4室。蒴果卵圆形，4瓣裂，长约2厘米；种子直径达6毫米 被黄棕色短柔毛。

厚藤的叶片的先端则是明显凹陷或是接近2裂，形如马鞍，所以得名"马鞍藤"。

厚藤能稳稳扎根在沙地上，起到防风固沙美化海岸作用；同时，也改善了沙地环境，有利于其他植物共同生长。

五爪金龙
Ipomoea cairica (L.) Sweet

花期

1
2
3
4
5
6
7
8
9
10
11
12

五爪金龙

别名：槭叶牵牛、番仔藤、掌叶牵牛

科属：旋花科番薯属

类型：藤本

生态环境及分布：
生长于向阳荒地、路边、山坡。原产于北美洲；中国华南、云南常栽培，现在逸为野生。

果期：全年

花色：紫红色

果实形态：蒴果球形

五爪金龙的花

五爪金龙在深圳野地的蔓延

多年生柔弱缠绕草本。茎灰绿色，常有小瘤状突起。叶互生，指状5深裂几达基部，直径5~9厘米，裂片椭圆状披针形，顶端近钝但有小锐尖，两面均无毛，全缘或最下一对裂片有时再分裂；叶柄长2~4厘米，有瘤状突起。花序有花1~3朵，腋生，总花梗短；萼片5枚，长6~8毫米，边缘薄膜质，外轮裂片较大，具小尖凸；花冠漏斗状，淡紫红色，长5~7厘米，直径4.5~5厘米，顶端5浅裂；雄蕊5枚；子房3室，花柱长，柱头2裂，头状。蒴果，成熟时开裂为4瓣；种子球形，褐色。

原产于北美洲，现在逸为野生。生于海拔10~400米的山坡林缘、海岸边灌丛及旷野，常攀缘于灯柱、树干及篱笆上。

根据资料记载，1912年该种当时已在香港归化，现在广东、广西、福建、海南、台湾等沿海地区已经沦为它们的入侵地，以惊人速度蔓延，攀缘其他植物并全面覆盖，最后绞杀其他树木，已经成为跟微甘菊齐名的臭名昭著的入侵植物之一。

海刀豆
Canavalia rosea (Sw.) DC.

花期

1
2
3
4
5
6
7
8
9
10
11
12

海刀豆的花

别名：水流豆

科属：豆科刀豆属

类型：藤本

生态环境及分布：
生于海边沙滩上、河岸树丛中。分布于中国广东和广西海岸。

果期：11月

花色：紫红色

果实形态：荚果线状长圆形

海刀豆的果荚裂开露出种子

海刀豆的果实

草质粗壮藤本。羽状复叶具3小叶；小叶倒卵形、卵形、椭圆形或近圆形，长5~8厘米，宽4.5~6.5厘米；侧生小叶基部常偏斜，两面均被长柔毛。总状花序腋生，花1~3朵聚生，花萼钟状，顶部二唇形，花紫红色；旗瓣圆形，翼瓣镰刀状长椭圆形，龙骨瓣钝。荚果线状长圆形，长8~12厘米，宽2~2.5厘米，顶端具喙尖，离背缝线均3毫米处的两侧有纵棱；种子椭圆形，长13~15毫米，宽10毫米，种皮褐色，种脐长约1厘米。

海刀豆的荚果成熟时候膨胀，像一把弯刀。果荚里面有种子3~7颗，豆荚和种子都有毒，含刀豆氨酸，有些人把这豆荚当做野菜进食，因加工不当引起中毒；人中毒后头晕、呕吐，严重者甚至昏迷。

鸡矢藤
Paederia foetida L.

花期

1
2
3
4
5
6
7
8
9
10
11
12

鸡矢藤的花

别名：鸡屎藤、牛皮冻

科属：茜草科鸡矢藤属

类型：藤本

生态环境及分布：

常生于溪边、河边、路边、林旁及灌木林中，常攀缘于其他植物或岩石上。分布于中国西南、华南、华东和华中。

果期：10月~12月

花色：紫红色

果实形态：核果球形

鸡矢藤的果实

鸡矢藤

  藤本，通常长3~5米，多分枝。叶对生，纸质，形状和大小变异很大，宽卵形至披针形，长5~15厘米，顶端急尖至渐尖，基部宽楔形，两面无毛或下面稍被短柔毛。聚伞花序排成顶生带叶的大圆锥花序，腋生而疏散少花，花冠长10~12毫米，淡紫红色。核果直径达7毫米。

  鸡矢藤因其味道如鸡屎而得名。广东、海南等地的农村常用鸡矢藤叶子熬汁后混入米浆做粑粑，佐以白糖，清香味美。

毛麝香
Adenosma glutinosum (L.) Druce

紫蓝

●●●●●

老鼠簕
Acanthus ilicifolius L.

花期

| 1 | 2 | **3** | **4** | **5** | **6** | 7 | 8 | 9 | 10 | 11 | 12 |

老鼠簕的花

别名：冬青叶老鼠簕

科属：爵床科老鼠簕属

类型：灌木

生态环境及分布：
生于中国南部海岸及潮汐能至的滨海地带，为红树林重要组成之一。分布于中国海南、广东、福建。

果期：6月~7月

花色：淡蓝色

果实形态：蒴果椭圆形

老鼠簕的果实

老鼠簕

灌木，高 0.5~1.5 米。叶多为矩圆形，长 9~14 厘米，边有深波状带刺的齿，叶柄短，基部有 1 对锐利的刺。顶生穗状花序长达 8 厘米；苞片极早落，无刺；小苞片宽卵形，长约 5 毫米，革质；花萼裂片 4 枚，两两相对，宽卵形至宽倒卵形，里面 2 片较长，长 1~1.3 厘米，革质；花冠淡蓝色，单唇形，花冠筒极短，上唇退化，下唇长约 3 厘米，薄革质，顶端 3 微裂；雄蕊 4 枚，花丝粗厚，花药 1 室，有 2 列密柔毛。蒴果椭圆形，长 2.5~3 厘米；种子 2~4 颗，扁平，圆肾形。

牡荆

Vitex negundo var. *cannabifolia* (Sieb.et Zucc.) Hand.-Mazz.

花期

1
2
3
4
5
6
7
8
9
10
11
12

牡荆的花

别名：荆条棵、五指柑
科属：唇形科牡荆属
类型：灌木或小乔木
生态环境及分布：
生于山坡路旁或灌木丛中。分布于中国长江以南各省区。
果期：8月~11月
花色：紫蓝色
果实形态：核果球形

牡荆

牡荆的植株

落叶灌木或小乔木，小枝四棱形。叶对生，掌状复叶，小叶5片，间有3片，中间小叶最大，两侧依次渐小；小叶片椭圆状卵形以至披针形，具粗锯齿，常被柔毛。圆锥花序顶生，长10~27厘米；花萼钟状，顶端有5裂齿；花冠淡紫色，外面有绒毛，顶端5裂，2唇形。核果近球形，黑色。

茎叶可造纸及制人造棉，花和枝叶可提取芳香油。

单叶蔓荆
Vitex rotundifolia L.f.

花期

1
2
3
4
5
6
7
8
9
10
11
12

单叶蔓荆的花

别名：蔓荆子、蔓荆子叶

科属：唇形科牡荆属

类型：灌木

生态环境及分布：

生于沙滩、海边及湖畔。分布于中国辽宁、河北、山东、江苏、安徽、浙江、江西、福建、台湾、广东。

果期：8月~10月

花色：蓝紫色

果实形态：核果球形

灌木，茎匍匐，节处常生不定根，全株被柔毛。单叶对生，叶片倒卵形或近圆形，顶端通常钝圆或有短尖头，基部楔形，全缘，长2.5~5厘米，宽1.5~3厘米。聚伞花序排成圆锥状，顶生，花冠淡紫色或蓝紫色，二唇形。核果球形，直径4~5毫米。

深圳大鹏半岛海滨常见分布。

果入药称"蔓荆子"。

单叶蔓荆的果实

韩信草
Scutellaria indica L.

花期

1
2
3
4
5
6
7
8
9
10
11
12

韩信草

别名：大力草、烟管草

科属：唇形科黄芩属

类型：草本

生态环境及分布：
生于海拔1500米以下的山地或丘陵地、疏林下，路旁空地及草地上。分布于中国江南各省区，北达河南及陕西。

果期：2月~6月

花色：蓝紫色

果实形态：坚果卵形

多年生草本。茎高12~28厘米，常带暗紫色，被微柔毛。叶具柄，心状卵形或卵状椭圆形，长1.5~2.6厘米，宽1.2~2.3厘米，两面被微柔毛或糙伏毛。花对生，在茎或分枝顶上排列成长4~8厘米的总状花序；最下一对苞片叶状，其余均细小；花萼长约2.5毫米；盾片高约1.5毫米，结果时花萼和盾片都会增大；花冠蓝紫色，长1.4~1.8厘米，筒前方基部膝曲，下唇中裂片圆状卵形；雄蕊4枚，二强。成熟小坚果卵形，具瘤，腹面近基部具一果脐。

深圳各大山野常见。

韩信草

桔梗
Platycodon grandiflorus (Jacq.) A.DC.

花期

1
2
3
4
5
6
7
8
9
10
11
12

桔梗的花

别名：铃铛花、包袱花
科属：桔梗科桔梗属
类型：草本
生态环境及分布：
生于山地草坡或林边。自中国华南和云南至东北广布。
果期：8月~10月
花色：紫蓝色
果实形态：蒴果倒卵形

　　多年生草本，有白色乳汁。根胡萝卜形，长达20厘米，皮黄褐色。茎高40~120厘米，无毛，通常不分枝或有时分枝。叶3枚轮生，对生或互生，无柄或有极短柄，无毛；叶片卵形至披针形，长2~7厘米，宽0.5~3.2厘米，顶端尖锐，基部宽楔形，边缘有尖锯齿，下面被白粉。花1至数朵生茎或分枝顶端；花萼无毛，有白粉，裂片5枚，三角形至狭三角形，长2~8毫米；花冠蓝紫色，宽钟状，直径4~6.5厘米，长2.5~4.5厘米，无毛，5浅裂；雄蕊5枚，花丝基部变宽，内面有短柔毛；子房下位，5室，胚珠多数，花柱5裂。蒴果倒卵圆形，顶部5瓣裂。

　　深圳小梅沙海滨山坡处及东西涌山坡处，经常可见野生的桔梗。

　　桔梗很早就有记录。《战国策·齐三》记载："今求柴葫、桔梗于沮泽，则累世不得一焉；及之睪黍、梁父之阴，则郄车而载耳。"意思是桔梗是山地之物，到沼泽湿地去寻找不见，若往睪黍、梁父二山之阴，则可以用空车去装载，描述桔梗的山地生长环境。

桔梗的植株

毛麝香
Adenosma glutinosum (L.) Druce

花期: 1 2 3 4 5 6 7 8 9 10 11 12

毛麝香

别名：麝香草

科属：车前科毛麝香属

类型：草本

生态环境及分布：
生于海拔2000米以下的荒山坡或疏林下。分布于中国云南、广西、广东和江西、福建。

果期：全年

花色：紫蓝色

果实形态：蒴果锥形

毛麝香的花

毛麝香

多年生直立草本，高达1米。茎基部木质化，密被多细胞腺毛和柔毛。叶片卵状披针形至宽卵形，长2~8厘米，宽1~5厘米，基部楔形，先端急尖，两面被毛，边缘有锯齿。叶含芳香油。总状花序顶生，疏花而长；花梗顶端有1对小苞片；萼片5枚，果期略略扩大，后方一枚较宽大，狭披针形；花冠蓝色或紫红色，长1~2.5厘米，上唇直立，圆卵形、截形或微凹，下唇3裂；药室分离，前方2枚雄蕊仅1室发育。蒴果卵形，先端具喙，有2纵沟；种子矩圆形，褐色至棕色，有网纹。

深圳各山地随处可见，分布广泛。

鸭跖草
Commelina communis L.

花期

1 2 3 4 5 6 7 8 9 10 11 12

鸭跖草

别名：鸭儿草、竹芹菜

科属：鸭跖草科鸭跖草属

类型：草本

生态环境及分布：常见生于湿地。分布于中国云南、四川、甘肃以东的南北各省区。

花色：深蓝色

果实形态：蒴果椭圆形

一年生披散草本，仅叶鞘及茎上部被短毛。茎下部匍匐生根、长可达1米。叶披针形至卵状披针形，长3~8厘米，宽1.5~2厘米。总苞片佛焰苞状，有1.5~4厘米长的柄，与叶对生，心形，稍镰刀状弯曲，顶端短急尖，长近2厘米，边缘常有硬毛；聚伞花序有花数朵，略伸出佛焰苞；萼片膜质，长约5毫米，内面2枚常靠近或合生；花瓣深蓝色，有长爪，长近1厘米；雄蕊6枚，3枚能育而长，3枚退化雄蕊顶端成蝴蝶状，花丝无毛。蒴果椭圆形，长5~7毫米，2室，2瓣裂，有种子4颗；种子长2~3毫米，具不规则窝孔。

鸭跖草

伏石蕨
Lemmaphyllum microphyllum C. Pres

蕨类和裸子植物

马尾松
Pinus massoniana Lamb.

花期

| 1 | 2 | 3 | 4 | 5 | 6 | 7 | 8 | 9 | 10 | 11 | 12 |

马尾松的叶

马尾松的球果

别名：青松、山松、枞松

科属：松科松属

类型：乔木

生态环境及分布：
分布于中国长江流域及长江以南各省区海拔 600~800 米以下地带。

果期：10月~12月

花色：淡红色

马尾松的树皮

马尾松的植株

高大乔木。树皮红褐色，下部灰褐色，裂成不规则的鳞状块片；枝平展或斜展，树冠宽塔形或伞形，枝条每年生长一轮，淡黄褐色，无白粉，无毛；冬芽卵状圆柱形或圆柱形，褐色，顶端尖，芽鳞边缘丝状，先端尖或成渐尖的长尖头，微反曲。针叶2针一束，长12~20厘米，细柔，微扭曲，两面有气孔线，边缘有细锯齿；横切面皮下层细胞单型，第一层连续排列，第二层由个别细胞断续排列而成，树脂道4~8个，在背面边生，或腹面也有2个边生；叶鞘初呈褐色，后渐变成灰黑色，宿存。雄球花淡红褐色，圆柱形，弯垂，长1~1.5厘米，聚生于新枝下部苞腋，穗状，长6~15厘米；雌球花单生或2~4个聚生于新枝近顶端，淡紫红色，一年生小球果圆球形或卵圆形，直径约2厘米，褐色或紫褐色，上部珠鳞的鳞脐具向上直立的短刺，下部珠鳞的鳞脐平钝无刺。球果卵圆形或圆锥状卵圆形，长4~7厘米，直径2.5~4厘米，有短梗，下垂，成熟前绿色，熟时栗褐色，陆续脱落；中部种鳞近矩圆状倒卵形，或近长方形，长约3厘米；鳞盾菱形，微隆起或平，横脊微明显，鳞脐微凹，无刺；种子长卵圆形，长4~6毫米，连翅长2~27厘米。

强阳性，喜温暖多雨气候及酸性土壤，耐瘠薄，忌水涝和盐碱；深根性，生长较快，是山区重要的荒山造林及绿化树种。

杉木
Cunninghamia lanceolata (Lamb.)Hook.

花期

1
2
3
4
5
6
7
8
9
10
11
12

杉木的叶

杉木的树皮

杉木的树干

别名：刺杉、杉

科属：柏科杉属

类型：乔木

生态环境及分布：
北起中国秦岭南坡、河南桐柏山和安徽大别山，南至两广和云南东南部和中部。

果期：10月下旬

花色：淡红色

杉木的植株

杉木

常绿乔木。叶在侧枝上排成二列，条状披针形，坚硬，长3~6厘米，边缘有细齿，上面中脉两侧的气孔线较下面的为少。雌雄同株；雄球花簇生枝顶；雌球花单生或簇生枝顶，卵圆形，苞鳞与珠鳞结合而生，苞鳞大，珠鳞先端3裂，腹面具3胚珠。球果近球形或卵圆形，长2.5~5厘米；苞鳞革质，扁平，三角状宽卵形，先端尖，边缘有细齿，宿存；种鳞形小，生于苞鳞腹面下部；种子扁平，长6~8毫米，褐色，两侧有窄翅。

木材作建筑及造纸、纺织原料。

深绿卷柏
Selaginella doederleinii Hieron.

花期

1 2 3 4 5 6 7 8 9 10 11 12

深绿卷柏

别名：石上柏、大叶菜、水柏枝
科属：卷柏科卷柏属
类型：草本

生态环境及分布：
生于海拔200~1000米的林下湿地或溪边。分布于中国浙江、福建、台湾、广东、广西、贵州、云南、四川、湖南和江西。

草本，植株高15~35厘米。主茎禾秆色，有棱，常在分枝处生出支撑根，侧枝密，多回分枝，营养叶上面深绿色，下面灰绿色，二形，背腹各二列，腹叶矩圆形，龙骨状，具短刺头，边缘有细齿，交互并列指向枝顶；背叶卵状矩圆形，钝头，上缘有微齿，下缘全缘，向枝的两侧斜展，连枝宽5~7毫米。孢子囊穗四棱形，生于枝顶；孢子叶卵状三角形，渐尖头，边缘有细齿，四列，交互覆瓦状排列，孢子囊卵圆形。孢子二形。

深绿卷柏

翠云草
Selaginella uncinata (Desv. ex Poir.) Spring

花期

1
2
3
4
5
6
7
8
9
10
11
12

翠云草

别名：吊兰翠

科属：卷柏科卷柏属

类型：草本

生态环境及分布：

生于海拔 40~1000 米的林下湿石上或石洞内。分布于中国浙江、福建、台湾、广东、广西、贵州、云南、四川和湖南。

翠云草

翠云草

草本，主茎伏地蔓生，长30~60厘米，禾秆色，有棱，分枝处常生不定根，叶卵形，短尖头，二列疏生；侧枝通常疏生，多回分叉，基部有不定根；营养叶二形，背腹各二列，腹叶（中叶）长卵形，渐尖头，全缘，交互疏生，背叶矩圆形，短尖头，全缘，向两侧平展。孢子囊穗四棱形；孢子叶卵状三角形，龙骨状，长渐尖头，全缘，四列，覆瓦状排列，孢子囊卵形。

乌毛蕨
Blechnum orientale L.

乌毛蕨

别名：龙船蕨

科属：乌毛蕨科乌毛蕨属

类型：草本

生态环境及分布：
生于灌丛中或溪边。分布于中国福建、台湾、广东、广西、贵州、云南、四川和江西。

乌毛蕨的嫩芽

乌毛蕨的孢子囊群

植株高 1~2 米。根状茎粗短，直立，连同叶柄基部密生钻状披针形鳞片。叶簇生；叶柄棕禾秆色，坚硬，上面有纵沟，沟两侧有瘤状气囊体疏生，基部以上无鳞片；叶片长阔披针形，革质，长 50~120 厘米，宽 25~40 厘米，基部略变狭，一回羽状；羽片多数；下部数对缩短，最下的突然缩小成耳片，中部羽片长 15~25 厘米，宽 1~2 厘米，条状披针形，基部圆或楔形，无柄，全缘。侧脉细而密，通常分叉，少有单一。孢子囊群条形，沿主脉两侧着生，囊群盖线形，开向主脉。

为酸性土指示植物。

芒萁

Dicranopteris pedata (Houtt.) Nakaike

芒萁

别名：芦萁

科属：里白科芒萁属

类型：草本

生态环境及分布：生于强酸性土的荒坡或林缘、坡地。分布于中国华南、华东、华中、西南。

　　植株通常高45~90厘米。根状茎横走，粗约2毫米，密被暗锈色长毛。叶远生，柄长24~56厘米，粗1.5~2毫米，棕禾秆色，光滑，基部以上无毛；叶轴一至二回二叉分枝，一回羽轴长约9厘米，被暗锈色毛，渐变光滑，有时顶芽萌发，生出的一回羽轴，长6.5~17.5厘米，二回羽轴长3~5厘米；腋芽小，卵形，密被锈黄色毛；芽苞长5~7毫米，卵形，边缘具不规则裂片或粗牙齿，偶为全缘；各回分叉处两侧均各有一对托叶状的羽片，平展，宽披针形，等大或不等，生于一回分叉处的长9.5~16.5厘米，宽3.5~5.2厘米；生于二回分叉处的较小，长4.4~11.5厘米，宽1.6~3.6厘米；末回羽片长16~23.5厘米，宽4~5.5厘米，披针形或宽披针形，向顶端变狭，尾状，基部上侧变狭，篦齿状深裂几达羽轴；裂片平展，35~50对，线状披针形，长1.5~2.9厘米，宽3~4毫米，顶钝，常微凹，羽片基部上侧的数对极短，三角形或三角状长圆形，长4~10毫米，各裂片基部汇合，有尖狭的缺刻，全缘，具软骨质的狭边。侧脉两面隆起，明显，斜展，每组有3~4条并行小脉，直达叶缘。叶为纸质，上面黄绿色或绿色，沿羽轴被锈色毛，后变无毛，下面灰白色，沿中脉及侧脉疏被锈色毛。孢子囊群圆形，一列，着生于基部上侧或上下两侧小脉的弯弓处，由5~8个孢子囊组成。

　　生于强酸性土的荒坡或林缘，在森林砍伐后或放荒后的坡地上常成优势的群落。

芒萁的孢子囊群

石韦
Pyrrosia lingua (Thunb.) Farw.

花期

| 1 | 2 | 3 | 4 | 5 | 6 | 7 | 8 | 9 | 10 | 11 | 12 |

石韦

别名：飞剑草、石剑

科属：水龙骨科石韦属

类型：草本

生态环境及分布：
附生于海拔 100~1800 米的树干或岩石上。分布于中国长江以南各省区，东到台湾，越南、日本也有。

石韦的孢子囊群

石韦

草本，植株高 10~30 厘米。根状茎如粗铁丝，长而横走，密生鳞片，鳞片披针形，有睫毛，叶近二型，远生，革质，上面绿色，偶有一二星状毛，并有小凹点，下面密覆灰棕色星状毛，不育叶和能育叶同形或略较短而阔，叶柄基部均有关节；能育叶柄长 5~10 厘米；叶片披针形至矩圆披针形，长 8~18 厘米，宽 2~5 厘米，下面侧脉多少凸起可见。孢子囊群在侧脉间紧密而整齐地排列，初为星状毛包被，成熟时露出，无盖。

伏石蕨
Lemmaphyllum microphyllum C. Pres

花期

| 1 | 2 | 3 | 4 | 5 | 6 | 7 | 8 | 9 | 10 | 11 | 12 |

伏石蕨

别名：飞龙鳞、瓜子莲

科属：水龙骨科伏石蕨属

类型：草本

生态环境及分布：

附生于树干或石上。分布于中国福建、台湾、广东、广西、云南、湖北、湖南和江西。

伏石蕨的不育叶

伏石蕨

小型附生蕨类。根状茎纤细,长而横走,淡绿色,疏生鳞片,鳞片有粗筛孔,顶部长钻形,下部圆,两侧有分叉。叶显著二型,干后革质(新鲜时带肉质),不育叶短,卵圆形或近圆形,基部圆形至阔楔形,长宽各8~15毫米,能育叶的柄长约1厘米;叶片舌形或披针形,长2.5~5厘米,宽2~6毫米。叶脉网状,网脉不到叶边,内藏小脉单一,孢子囊群条形,近主脉。幼时有盾状隔丝覆盖。

罗浮买麻藤
Gnetum luofuense C.Y.Cheng

花期

| 1 | 2 | 3 | 4 | 5 | 6 | 7 | 8 | 9 | 10 | 11 | 12 |

罗浮买麻藤的种子

科属：买麻藤科买麻藤属
类型：藤本
生态环境及分布：
生于林中，缠绕于树上。分布于中国广东、福建、江西。

罗浮买麻藤的雄球花序

罗浮买麻藤

藤本；茎枝圆形，皮紫棕色，皮孔浅，不显著。叶片薄或稍带革质，矩圆形或矩圆状卵形，长10~18厘米，宽5~8厘米，先端短渐尖，基部近圆形或宽楔形，侧脉9~11对，明显，由中脉近平展伸出，小脉网状，在叶背较明显，叶柄长8~10毫米。雄球花穗长约2.7厘米，宽3.5毫米，有9~11轮环状总苞，每总苞内具雄花75~80及不育雌花9~11；雌球花序的每一花穗有10~15轮环状总苞，每总苞内具雌花10~13。种子矩圆状椭圆形，长约2.5厘米，直径约1.5厘米，顶端微呈急尖状，基部宽圆，无柄，种脐宽扁，宽3~5毫米。

种子成熟期7~10月，橘黄色。生于林中，缠绕于树上。

本种与小叶买麻藤【*Gnetum parvifolium* (Warb.) C. Y. Cheng ex Chun】相近，区别点为叶大而质薄，侧脉平伸与主脉近于成垂直角度，无光泽；种子大，矩圆状椭圆形。与买麻藤（*Gnetum. montanum* Markgr.）的枝叶较相似，区别为种子无柄，形大。

陆生植物家族兴衰史

文 / 焦根林

植物随处可见，与人们的生活密切相关，但是，认识常见的植物并不容易。因为植物世界相当复杂，没有一个现成的理论体系能够帮助每一个人认识了解生活中常见的植物。

这篇文章是教大家认识植物大家族的主要植物类群。兴旺的植物家族成员多，是主要类群；衰败的植物家族成员少，甚至灭绝，是小类群或已经灭绝的类群。

1. 你认识植物吗

对不同的人，答案不同。对自然学家，识别出物种类型，才叫认识；对园艺学家，识别出品种类别，才叫认识；对普通人，当你作为成人向儿童讲解自然时，只要识别到任何可以方便识别的程度，都叫认识，因为教育儿童的目的是学会识别自然事物的方法。因此，如何掌握识别植物的能力，因时因地因人而异，没有统一标准。

2. 什么是陆生植物

海洋植物产生陆生植物的事件只发生过一次，大约在4亿多年前。早期生活在海洋里的植物是所有现代陆生植物的共同祖先，通过进化产生了在陆地上生活的能力，成为最早的陆生植物。判断一种植物是不是陆生植物，要看它是否是最早陆生植物的子孙，而不是看它是否生活在陆地上。一些陆生植物的后代，进入河流和湖泊，甚至是海洋，但是它们仍是陆生植物。相反，一些藻类，例如蓝藻，生活在陆地上，但它们不是最早陆生植物的子孙，所以不属陆生植物。

3. 现存最原始的陆生植物——苔藓类植物

苔藓类植物是现存最简单、最原始的陆生植物。植物的生长离不开水、阳光、空气和矿物质。海洋植物转变成陆生植物的关键变化是给自己披上了一层防止水分散失的外衣（角质层）。为了保证空气能进入植物体，植物的外衣上有孔洞（气孔）。

苔藓类植物包括三种类型：苔类、藓类、角苔类。全世界苔类植物约9000种，藓类

苔藓类植物

植物约 12000 种，角苔类植物 100 多种。总的来说，苔藓类植物的种类不算很多，限制其家族兴旺的关键因素是植株太小，有限的尺度内不可能发展出高度的复杂性。

4. 最原始的维管植物——蕨类植物

维管植物脱胎于类似苔藓类植物的早期陆生植物，出现了苔藓类植物中没有的维管束，提升了植物不同部分之间的联系水平，允许植物体变得高大，形成了当今常见的陆生植物种类。蕨类植物是最古老、最原始的维管植物，现存 12000 多种，同被子植物相比不算很丰富，同苔藓类植物的物种丰富度相当。

蕨类植物

5. 原始的种子植物——裸子植物

维管植物中出现了种子，发展成了种子植物大家族，是植物进化历程中的大事。种子有利于植物适应干旱的环境，顺应了地球环境越来越旱的大趋势，成为陆生植物发展的主流。最原始的种子植物是种子蕨，已经灭绝了。现存最古老、最原始的种子植物是裸子植物，有 4 个类型：苏铁类、银杏、松柏类、买麻藤类，全世界有 1000 多种。虽然裸子植物的物种数量很少，生活区域却相当大。裸子植物比被子植物更能适应干旱和寒冷的环境，在北半球的高纬度地区和山地的高海拔区域，就有让人印象深刻的大面积的松柏类森林。

裸子植物

6. 五彩缤纷的花朵——被子植物

被子植物，也叫"有花植物"，是种子植物中进化出了花朵的植物，最早出现在大约 1.32 亿年前，在 6500 万年前的白垩纪晚期成为地球上主要的植物类型，是现今最常见的植物。

当代的植物分类系统将被子植物分成大约 375 个科，每个科相当于人类社会的一个大家庭，成员都是至亲，科之间的联系相对较远。被子植物各科在物种丰富程度上的变化，能够反映出重要的进化规律。

7. 重回水生环境——水生植物

被子植物中有许多水生植物，相互之间亲缘关系较远，说明了被子植物进化历史上发生了多次返回水生环境的事件。水生环境简单、缺少变化，迫使不同的植物进入水体后发生了趋同进化。最著名的例证是睡莲和荷花，一度被认为是近亲植物，现代研究证明，其实它们关系很远，只是由于趋同进化使它们表现出很多相似的形态特征。

水生植物

8. 花为媒——吸引昆虫之争

花朵的产生是为了吸引昆虫传递花粉，这种方向的进化在大多数被子植物中继续进行着，是被子植物多样性的根本原因。提高花对昆虫吸引力的一种策略是让花变大、变鲜艳，很多著名的观赏植物如木兰、牡丹、睡莲、荷花等就是如此。可是这种办法效果并不好，采用这种办法的植物物种多样性也较低。

吸引昆虫的策略一：让花变大、变鲜艳

另一种策略是许多花朵聚集在一起，形成花序。这种办法能否奏效与昆虫的生活特性有关：昆虫需要尽量降低在花朵之间飞行的能量损耗来提高采蜜的有效性，比如百合、唐菖蒲、水仙、杜鹃等植物都是如此。百合类和杜鹃类植物的丰富的物种多样性证明了这个办法效果不错。

吸引昆虫的策略二：让许多花朵聚集在一起形成花序

在花序的基础上，另一种更有效的策略是让花朵变小但是数量增多。这方面做得最极端的是菊科植物，它们是被子植物的第一大科，拥有超过2.5万种植物，也是著名的观赏植物。其他类似的还有：伞形科、马鞭草科、山茱萸科、豆科、茜草科等类型的植物，

吸引昆虫的策略三：让花朵变小但是数量增多

其中豆科、茜草科分别是被子植物的第三、第四大科，充分说明这种策略对提高植物的物种多样性也非常有效。

9. 放弃花瓣——风媒植物

虽然花是被子植物发展多样化的关键发明，有些被子植物放弃了花瓣，重返远祖的风媒传粉生活。这方面的例证有壳斗科、桦木科、杨柳科、禾本科等类型的植物。总的来说，风媒植物的物种丰富度不是很高，禾本科植物是个例外。禾本科是被子植物的第五大科，有1万多种植物。形成禾本科高度多样化的原因是适应干旱环境，随着地球环境的干旱化，草原大量出现，为禾本科植物的发展提供了机遇。

风媒植物

10. 树上的生活——兰科植物

兰科植物是被子植物的第二大科，有2.5万多种。兰科植物的兴旺发达，是多个进化事件的结果，其中最重要的原因是它们创造了附着在大树上的生活方式。兰科植物的种子小如灰尘，可以随微风落到树枝。兰科植物的种子能与真菌结合，利用真菌提供的营养，长成独立生活的植物体。此外，兰科植物还形成了储水组织和防止水分从根系中散失的组织，解决了附生生活获取水分的困难。大面积的森林，为兰科植物的发达提供了广阔的空间。但由于大面积森林的采伐活动，很多兰科植物失去了家园，成了地球上灭绝

兰科植物

最快的植物。兰科植物的命运再次说明，兴旺发达常常依赖外部机会，机会消失了，厄运就降临了。

植物的生存智慧

文 / 焦根林

从生存条件优越的热带地区，到条件有限的草原，再到条件严酷的植物生命的"边疆"地区，甚至冰沿地带、荒漠地带、海岸地带，无论在哪个地方，植物都进行着活跃的进化创新活动，争取生存的优势。

植物通过进化创新调整自己，更好地适应环境，这种能力就是植物的智慧。不同的植物，为了适应环境的变化，采取了相同或类似的方法，反映了大自然的根本规律。掌握植物适应环境的进化规律，就能让我们深刻地理解各种植物特征的本质，更好地掌握识别植物的方法。

I. 从大树到小草：植物高度的调整

最高的树，生活在热带雨林。那里水分充足，植物的主要生存问题是争夺阳光。越高的植物，越有优势，结果形成了很多种高大的树木。"木秀于林，风必摧之。"高大的树木需要粗壮的树干和有力的支撑。这正是我们在热带雨林中看到的大树的样子。

灌木低矮多枝，生活在向阳山坡多风少水的地方。植物通过降低高度和密集的枝条来有效地减少水分散失。在北方的高山地带，灌木的高度更低，形成又矮又密的垫状植物。

草本植物生存需要的水分比灌木更少。俗话说，"草木一秋"。很多草本植物只生一季，种子成熟后母体就会死亡。休眠的种子具有忍耐严酷环境条件的能力，在新的生长季发育成新的个体。有些草本植物是多年

从大树到小草

生植物，地上部分在冬天死亡，地下部分在新的生长季长出地上部分。

一些北方的木本植物具有秋天落叶的能力，枝条上的幼芽进入休眠状态，能够耐受寒冬，等到温暖的春天到来时长出叶片。

2. "攀炎附势"：利用大树向天空发展

植物进化形成大树后，为其它植物向空中发展提供了机会。大树是争夺阳光的胜出者，但这种胜利带有沉重的代价。大树必须投入极大的资源来构建粗大的树干。一种植物能够不耗费或少耗费资源登上高高的树干，就能够在森林环境中获得竞争阳光的优势。这种策略正是热带湿润地区森林中许多植物的生活方式，例如蕨类植物和苔藓植物。这些植物通过孢子繁衍后代。孢子小到可以随风飞上树干，发育成在树干上生活的蕨类植物和苔藓植物。

兰科植物的大多数种类都是生活在树干或岩石上的附生植物。兰科植物的种子细如灰尘，能够轻易地随风飞上树干，建立起树上的生活。

真正离开地面生活的植物，获得了竞争阳光的优势，却失去了获得水分和矿物质营养的便利。这些植物种类多，个体小，通常需要建立储水组织和收集枯枝落叶才能很好地生存。

藤本植物是专营攀缘生活的植物，能够攀上崖壁或大树。不同于附生植物，藤本植物的种子在地面萌发，幼苗快速生长，在达到目标高度前，资源主要用于植物主轴的延长。攀缘植物虽然需要构建主干，但是由于保持了同地面的联系，具有获取水分和矿物质营养的优势，能够形成庞大的植物群落，常常对它所依附的大树造成伤害，是植物群体破坏者。很多攀缘植物都是臭名昭著的恶性杂草。当热带森林中出现很多攀缘植物时，

趋炎附势

绞杀

说明群体开始败落。

榕属植物的一些种类是绞杀植物。它们的榕果非常特殊，是热带森林中动物的重要食物，尤其是鸟类。种子能随

动物的粪便降落到树干上。种子在树干上萌发，根系能在空中存活，并利用降雨提供的水湿环境向下生长到地面，从土壤中获取水分和矿物质。便利的水分和矿物质供给允许植物不断长大，生长的根系能相互识别融合，形成密不透风的"锁喉体"，将依附的大树活活绞死。

3. 地面之下：利用地下空间抵抗恶劣气候

相比地上，地下水分多，恶劣气候影响小。很多北方植物都进化出了利用地下空间的生活方式。

地下茎植物，例如芦苇，能在冬天地上部死亡后，保持地下茎的存活，气候好转后重新长出地上部分。

与地下茎植物类似的是鳞茎植物。鳞茎植物有一个极端压缩的茎，生长着一些肥厚的植物学上称作"苞片"的叶子，能够储藏水分和营养，保护茎尖的生长点不被恶劣气候破坏。常见的鳞茎植物有洋葱、大蒜等。

地面之下——芦苇

另一类有地下特殊结构的植物是块根植物和块茎植物。植物的块根和块茎在功能上相似，能储藏水分和营养。当植物地上部分

地面之下——鳞茎植物

在冬天死亡后，块根和块茎中的营养物质能让植物在来年春天重新构建地上部分。植物学上把根膨大形成的结构叫"块根"，把茎膨大形成的结构叫"块茎"。相比于根茎植物，块根植物和块茎植物能够储存更多的水分和营养，有利于植物度过恶劣气候时期。

4. 抵御食草动物：植物的防卫机制

在非洲的草原上生活着金合欢树，树枝上长满了长长的刺，这样的结构可以避免长颈鹿吃掉太多的叶片。中国华南常见的木棉树，树干上长满了粗壮的棘刺，说明木棉树原本生活的地方干旱多草。

草原上的禾草，能够耐受食草动物的啃食，它们依靠不断在靠近地面的茎秆上产生新的枝条（植物学上称为"萌蘖"）取代被动物啃食掉的枝条。人工种植的草皮需要经常修剪，才能保持旺盛的生长状态，充分说明了禾草恢复生长的能力。

草原上生活着一些荨麻科植物，例如蝎子草，身上长满蜇刺，这种蜇刺是一种玻璃状结构，内含刺激性物质，能在刺入动物皮肤时释放，有效预防动物啃食。在草原上，食草动物的不断啃食限制了草本植物的高

抵御食草动物

度，只有长有蜇刺的荨麻科植物不受影响，这充分说明了蜇刺预防食草动物的作用。

5. 生命的边疆：开拓严酷生存空间

（1）高山植物：植物的防寒机制

非洲乞力马扎罗山上生长的狄氏半边莲，长着密集的螺旋状排列的叶片，能在晚上温度下降的时候，合拢包裹起来，紧密地保护着中心的生长点和花朵，免受低温危害。

在中国横断山区生长着3种类型的高山耐寒植物：棉毛植物、温室植物和垫状植物。棉毛植物表面长满长绒毛，就像动物一样，长绒毛能有效御寒，例如菊科风毛菊属的水母雪兔子。温室植物具有特化的叶片，很薄，

棉毛植物——水母雪兔子

温室植物——塔黄　　　　　　　　　　　　垫状植物——垫状点地梅

近透明，能形成有效的温室状覆盖，通过温室效应保护花朵和生长点免受低温伤害，例如蓼科大黄属的塔黄、水黄，菊科风毛菊属的苞叶雪莲和毡毛雪莲等。垫状植物的植株低矮、密集而根部发达，它们形成密集地团块状，蒸腾作用小，水分保持良好，适应低温、干旱和强风的高原环境，如石竹科的雪灵芝和报春花科的点地梅等。

（2）红树林植物：植物的胎生机制

红树林出现在海岸的潮间带，海水的潮汐变化周期性地淹没红树林区域。一些红树植物进化出了胎生种子。普通植物种子的胚在发育完成后进入休眠状态，等待种子散播。红树植物的胎生种子完成胚胎发育后，胚的下胚轴部分并不进入休眠，而是继续发育成一个膨大的棒状体。当种子脱离母体后，能漂浮在海水中，或以正确的方向进入泥土，长成新的植株。

红树植物的胎生苗　　　　　　红树植物的胎生苗扎入泥土生长成新的植株

（3）沙漠植物：植物在沙漠中的生存方式

沙漠中有一些短命植物，能利用降雨后土壤短暂的湿润时期（大约2个月），完成生长、开花、结果和种子成熟。当土壤中的水分消耗完后，植物死亡，种子进入土壤，等待下一个雨季的到来。短命植物的种子含有抑制种子萌发的物质，能在雨水的冲刷下流失。同一个植物上产生的种子含有不同量的萌发抑制物质。含量少的在小雨后萌发，由于水分不够很快死亡。含量多的要经历多次雨水冲刷后才能萌发，常常需要多年时间。只有含量适当的种子，能在适当大的降雨后萌发，在土壤水分耗尽前发育到种子成熟阶段。

沙米是一种能够适应流动沙丘的植物。一般植物种子在沙丘上萌发形成小苗时，在风的作用下，迎风面的沙粒不断离开，背风面沙粒不断累积，最终沙粒将幼苗推倒掩埋。沙米幼苗的顶端生长点在种子萌发后进入休

沙漠植物

眠状态，子叶叶腋开始生长，同时发育出4个枝条，能在枝条之间积累沙粒，将植物牢牢固定在沙丘上。

南非沙漠中生活的植物生石花，外观像石头，有些种类像动物的粪便，以避免被食草动物发现吃掉。这些植物叶片的大部分埋在地下，暴露在地面上的部分，有一部分透明，允许光线进入地下部分进行光合作用。

（4）食虫植物：植物解决矿物质营养缺乏机制

在一些缺乏矿物质营养的地方，生活着食虫植物。由于降雨不断冲刷，带走了土壤中的矿物质，限制了一般植物的生长。食虫植物通过消化昆虫尸体就可以获得氨基酸等营养物质，著名的有捕蝇草、茅膏菜、猪笼草、瓶子草等。

猪笼草

植物的生存智慧 **344**

科属索引花期表

科　属	中文种名	页　码	花　期											
安息香科安息香属	野茉莉	19	1	2	3	4	5	6	7	8	9	10	11	12
菝葜科菝葜属	菝葜	197	1	2	3	4	5	6	7	8	9	10	11	12
柏科杉属	杉木	319	1	2	3	4	5	6	7	8	9	10	11	12
报春花科紫金牛属	朱砂根	43	1	2	3	4	5	6	7	8	9	10	11	12
报春花科紫金牛属	山血丹	45	1	2	3	4	5	6	7	8	9	10	11	12
报春花科紫金牛属	莲座紫金牛	47	1	2	3	4	5	6	7	8	9	10	11	12
草海桐科草海桐属	草海桐	41	1	2	3	4	5	6	7	8	9	10	11	12
菖蒲科菖蒲属	金钱蒲	181	1	2	3	4	5	6	7	8	9	10	11	12
车前科车前属	车前	55	1	2	3	4	5	6	7	8	9	10	11	12
车前科毛麝香属	毛麝香	311	1	2	3	4	5	6	7	8	9	10	11	12
唇形科黄芩属	韩信草	307	1	2	3	4	5	6	7	8	9	10	11	12
唇形科牡荆属	牡荆	303	1	2	3	4	5	6	7	8	9	10	11	12
唇形科牡荆属	单叶蔓荆	305	1	2	3	4	5	6	7	8	9	10	11	12
酢浆草科酢浆草属	酢浆草	187	1	2	3	4	5	6	7	8	9	10	11	12
酢浆草科酢浆草属	红花酢浆草	273	1	2	3	4	5	6	7	8	9	10	11	12
大戟科黑面神属	黑面神	155	1	2	3	4	5	6	7	8	9	10	11	12
大戟科乌桕属	山乌桕	135	1	2	3	4	5	6	7	8	9	10	11	12
大戟科五月茶属	五月茶	137	1	2	3	4	5	6	7	8	9	10	11	12
大戟科野桐属	白背叶	153	1	2	3	4	5	6	7	8	9	10	11	12
大戟科油桐属	木油桐	7	1	2	3	4	5	6	7	8	9	10	11	12
冬青科冬青属	秤星树	23	1	2	3	4	5	6	7	8	9	10	11	12
豆科刀豆属	海刀豆	295	1	2	3	4	5	6	7	8	9	10	11	12
豆科含羞草属	含羞草	283	1	2	3	4	5	6	7	8	9	10	11	12
豆科黧豆属	白花油麻藤	85	1	2	3	4	5	6	7	8	9	10	11	12

科 属	中文种名	页码	花期											
豆科鹿藿属	鹿藿	215	1	2	3	4	5	6	7	8	9	10	11	12
豆科鸡血藤属	亮叶鸡血藤	289	1	2	3	4	5	6	7	8	9	10	11	12
豆科猪屎豆属	猪屎豆	165	1	2	3	4	5	6	7	8	9	10	11	12
杜鹃花科吊钟花属	吊钟花	239	1	2	3	4	5	6	7	8	9	10	11	12
杜鹃花科吊钟花属	齿缘吊钟花	25	1	2	3	4	5	6	7	8	9	10	11	12
杜鹃花科杜鹃属	杜鹃	113	1	2	3	4	5	6	7	8	9	10	11	12
杜鹃花科杜鹃属	毛棉杜鹃花	237	1	2	3	4	5	6	7	8	9	10	11	12
番荔枝科假鹰爪属	假鹰爪	193	1	2	3	4	5	6	7	8	9	10	11	12
番荔枝科紫玉盘属	紫玉盘	117	1	2	3	4	5	6	7	8	9	10	11	12
番荔枝科紫玉盘属	山椒子	119	1	2	3	4	5	6	7	8	9	10	11	12
防己科千斤藤属	粪箕笃	217	1	2	3	4	5	6	7	8	9	10	11	12
凤仙花科凤仙花属	香港凤仙花	183	1	2	3	4	5	6	7	8	9	10	11	12
凤仙花科凤仙花属	华凤仙	257	1	2	3	4	5	6	7	8	9	10	11	12
禾本科糖蜜草属	红毛草	115	1	2	3	4	5	6	7	8	9	10	11	12
黑药花科重楼属	华重楼	169	1	2	3	4	5	6	7	8	9	10	11	12
红树科木榄属	木榄	233	1	2	3	4	5	6	7	8	9	10	11	12
红树科秋茄树属	秋茄树	31	1	2	3	4	5	6	7	8	9	10	11	12
葫蔓藤科钩吻属	钩吻	209	1	2	3	4	5	6	7	8	9	10	11	12
胡颓子科胡颓子属	鸡柏紫藤	191	1	2	3	4	5	6	7	8	9	10	11	12
葫芦科苦瓜属	木鳖子	219	1	2	3	4	5	6	7	8	9	10	11	12
葫芦科马㼎儿属	马㼎儿	99	1	2	3	4	5	6	7	8	9	10	11	12
黄脂木科山菅属	山菅	171	1	2	3	4	5	6	7	8	9	10	11	12
夹竹桃科弓果藤属	弓果藤	203	1	2	3	4	5	6	7	8	9	10	11	12
夹竹桃科海杧果属	海杧果	9	1	2	3	4	5	6	7	8	9	10	11	12
夹竹桃科球兰属	球兰	83	1	2	3	4	5	6	7	8	9	10	11	12
夹竹桃科山橙属	山橙	87	1	2	3	4	5	6	7	8	9	10	11	12
夹竹桃科鳝藤属	鳝藤	221	1	2	3	4	5	6	7	8	9	10	11	12
夹竹桃科石萝藦属	石萝藦	57	1	2	3	4	5	6	7	8	9	10	11	12
夹竹桃科匙羹藤属	匙羹藤	213	1	2	3	4	5	6	7	8	9	10	11	12

科 属	中文种名	页码	花期											
			1	2	3	4	5	6	7	8	9	10	11	12
夹竹桃科娃儿藤属	娃儿藤	199	1	2	3	**4**	**5**	**6**	**7**	**8**	9	10	11	12
夹竹桃科羊角拗属	羊角拗	223	1	2	**3**	**4**	**5**	**6**	**7**	8	9	10	11	12
金缕梅科红花荷属	红花荷	229	1	2	**3**	**4**	5	6	7	8	9	10	11	12
金粟兰科草珊瑚属	草珊瑚	161	1	2	3	4	**5**	**6**	7	8	9	10	11	12
锦葵科梵天花属	地桃花	249	**1**	**2**	3	4	5	6	**7**	**8**	**9**	**10**	**11**	**12**
锦葵科木槿属	黄槿	149	1	2	3	4	**5**	**6**	**7**	**8**	**9**	**10**	11	12
锦葵科苹婆属	假苹婆	227	1	2	3	**4**	**5**	6	7	8	9	10	11	12
锦葵科破布叶属	破布叶	143	1	2	3	4	**5**	**6**	7	8	9	10	11	12
锦葵科山芝麻属	山芝麻	251	1	2	3	4	**5**	**6**	**7**	**8**	9	10	11	12
锦葵科银叶树属	银叶树	109	1	2	3	**4**	**5**	6	7	8	9	10	11	12
桔梗科半边莲属	半边莲	261	1	2	3	4	**5**	**6**	**7**	**8**	**9**	**10**	11	12
桔梗科桔梗属	桔梗	309	1	2	3	4	5	6	**7**	**8**	**9**	10	11	12
菊科苍耳属	苍耳	61	1	2	3	4	5	6	**7**	**8**	9	10	11	12
菊科鬼针草属	鬼针草	59	1	2	3	4	5	**6**	**7**	**8**	**9**	**10**	**11**	12
菊科假泽兰属	微甘菊	95	1	2	3	4	5	6	7	**8**	**9**	**10**	**11**	12
卷柏科卷柏属	深绿卷柏	321	1	2	3	4	5	6	7	8	9	10	11	12
卷柏科卷柏属	翠云草	323	1	2	3	4	5	6	7	8	9	10	11	12
爵床科老鼠簕属	老鼠簕	301	1	2	**3**	**4**	**5**	**6**	7	8	9	10	11	12
爵床科马蓝属	四子马蓝	255	1	2	3	4	5	6	7	**8**	**9**	**10**	**11**	12
壳斗科锥属	黧蒴锥	123	1	2	3	**4**	**5**	6	7	8	9	10	11	12
苦苣苔科唇柱苣苔属	唇柱苣苔	263	1	2	3	4	5	6	7	**8**	**9**	**10**	**11**	12
兰科苞舌兰属	苞舌兰	175	1	2	3	4	5	6	**7**	**8**	**9**	**10**	11	12
兰科贝母兰属	流苏贝母兰	173	1	2	3	4	5	6	7	**8**	**9**	**10**	11	12
兰科兜兰属	紫纹兜兰	267	**1**	2	3	4	5	6	7	8	9	**10**	**11**	**12**
兰科鹤顶兰属	鹤顶兰	269	1	2	**3**	**4**	**5**	**6**	7	8	9	10	11	12
兰科金线兰属	金线兰	63	1	2	3	4	5	6	7	**8**	**9**	**10**	**11**	12
兰科石豆兰属	密花石豆兰	69	1	2	3	**4**	**5**	**6**	**7**	**8**	9	10	11	12
兰科石豆兰属	芳香石豆兰	79	1	**2**	**3**	**4**	**5**	6	7	8	9	10	11	12
兰科石仙桃属	石仙桃	65	1	2	3	**4**	**5**	6	7	8	9	10	11	12

科 属	中文种名	页码	花期											
			1	2	3	4	5	6	7	8	9	10	11	12
兰科玉凤花属	鹅毛玉凤花	67	1	2	3	4	5	6	7	🟠8	🟠9	🟠10	11	12
兰科玉凤花属	橙黄玉凤花	105	1	2	3	4	5	6	🟢7	8	9	10	11	12
兰科竹叶兰属	竹叶兰	271	1	2	3	4	5	6	7	8	🟠9	🟠10	🟠11	12
里白科芒萁属	芒萁	327	1	2	3	4	5	6	7	8	9	10	11	12
蓼科虎杖属	虎杖	73	1	2	3	4	5	6	7	8	🟢9	🟢10	11	12
蓼科蓼属	火炭母	75	🟠1	🟠2	🟠3	🟠4	🟠5	🟠6	🟠7	🟠8	🟠9	🟠10	🟠11	🟠12
蓼科蓼属	杠板归	77	1	2	3	🟢4	🟢5	🟢6	🟢7	🟢8	🟢9	10	11	12
列当科野菰属	野菰	279	1	2	3	🟠4	🟠5	🟠6	🟠7	🟠8	9	10	11	12
龙胆科双蝴蝶属	香港双蝴蝶	285	🟢1	2	3	4	5	6	7	8	🟢9	🟢10	🟢11	🟢12
露兜树科露兜树属	露兜树	139	🟠1	🟠2	🟠3	🟠4	🟠5	6	7	8	9	10	11	12
马齿苋科马齿苋属	马齿苋	177	🟢1	🟢2	🟢3	🟢4	🟢5	🟢6	🟢7	🟢8	🟢9	🟢10	🟢11	🟢12
马钱科马钱属	牛眼马钱	201	1	2	3	🟠4	🟠5	🟠6	7	8	9	10	11	12
买麻藤科买麻藤属	罗浮买麻藤	333	1	2	3	4	5	6	7	8	9	10	11	12
茅膏菜科茅膏菜属	匙叶茅膏菜	281	1	2	🟠3	🟠4	🟠5	🟠6	🟠7	🟠8	🟠9	10	11	12
猕猴桃科水东哥属	水东哥	235	1	2	🟢3	🟢4	🟢5	🟢6	7	8	9	10	11	12
木兰科含笑属	深山含笑	3	1	🟢2	🟠3	4	5	6	7	8	9	10	11	12
木通科野木瓜属	野木瓜	207	1	2	🟢3	🟢4	5	6	7	8	9	10	11	12
漆树科漆属	野漆	131	1	2	🟠3	🟠4	🟠5	🟠6	7	8	9	10	11	12
漆树科盐肤木科	盐肤木	151	1	2	3	4	5	6	🟢7	🟢8	🟢9	10	11	12
千屈菜科海桑属	海桑	15	🟠1	🟠2	3	4	5	6	7	8	9	10	11	🟠12
千屈菜科节节菜属	圆叶节节菜	265	🟢1	🟢2	3	4	5	6	7	8	9	10	11	🟢12
茜草科大沙叶属	香港大沙叶	39	1	2	3	🟠4	🟠5	🟠6	🟠7	🟠8	9	10	11	12
茜草科鸡矢藤属	鸡矢藤	297	1	2	3	4	5	🟢6	🟢7	🟢8	🟢9	🟢10	11	12
茜草科九节属	蔓九节	89	1	2	3	🟠4	🟠5	🟠6	7	8	9	10	11	12
茜草科水团花属	水团花	37	1	2	3	4	5	6	🟢7	🟢8	9	10	11	12
茜草科栀子属	栀子	35	1	2	🟠3	🟠4	🟠5	🟢6	🟢7	🟠8	9	10	11	12
蔷薇科石斑木属	石斑木	33	1	🟢2	🟢3	🟢4	5	6	7	8	9	10	11	12
蔷薇科梨属	豆梨	17	1	🟠2	🟠3	🟠4	5	6	7	8	9	10	11	12
蔷薇科蔷薇属	金樱子	51	1	2	3	🟢4	🟢5	🟢6	7	8	9	10	11	12

科　属	中文种名	页码	花期											
			1	2	3	4	5	6	7	8	9	10	11	12
蔷薇科蛇莓属	蛇莓	185	1	2	3	_4_	_5_	_6_	_7_	_8_	9	10	11	12
茄科茄属	牛茄子	49	**1**	**2**	**3**	**4**	**5**	**6**	**7**	**8**	**9**	**10**	**11**	**12**
茄科酸浆属	苦蘵	167	1	2	3	4	_5_	_6_	_7_	_8_	_9_	_10_	_11_	_12_
秋海棠科秋海棠属	红孩儿	259	1	2	3	4	5	6	7	**8**	9	10	11	12
忍冬科忍冬属	华南忍冬	91	1	2	3	_4_	_5_	_6_	7	8	9	10	11	12
瑞香科沉香属	土沉香	133	1	2	3	**4**	_5_	_6_	7	8	9	10	11	12
瑞香科荛花属	细轴荛花	159	1	_2_	_3_	_4_	5	6	7	8	9	10	11	12
三白草科蕺菜属	蕺菜	71	1	2	3	4	_5_	_6_	_7_	_8_	_9_	_10_	11	12
伞形科积雪草属	积雪草	277	1	2	3	4	_5_	_6_	_7_	_8_	_9_	_10_	_11_	_12_
桑科榕属	薜荔	195	1	2	3	4	_5_	_6_	**7**	**8**	9	10	11	12
桑科榕属	粗叶榕	163	_1_	_2_	_3_	_4_	_5_	_6_	_7_	_8_	_9_	_10_	11	_12_
山茶科木荷属	木荷	5	1	2	3	4	5	_6_	_7_	**8**	9	10	11	12
山茱萸科八角枫属	毛八角枫	11	1	2	3	_4_	_5_	6	7	8	9	10	11	12
商陆科商陆属	垂序商陆	53	1	2	3	4	5	_6_	_7_	**8**	9	10	11	12
柿树科柿树属	罗浮柿	125	1	2	3	4	_5_	_6_	7	8	9	10	11	12
鼠李科勾儿茶属	多花勾儿茶	189	1	2	3	4	5	6	7	**8**	**9**	**10**	11	12
水龙骨科伏石蕨属	伏石蕨	331	1	2	3	4	5	6	7	8	9	10	11	12
水龙骨科石韦属	石韦	329	1	2	3	4	5	6	7	8	9	10	11	12
松科松属	马尾松	317	1	2	3	4	5	6	7	8	9	10	11	12
桃金娘科岗松属	岗松	27	1	2	3	4	_5_	_6_	_7_	_8_	9	10	11	12
桃金娘科蒲桃属	赤楠	29	1	2	3	4	5	_6_	_7_	_8_	9	10	11	12
桃金娘科桃金娘属	桃金娘	253	1	2	3	**4**	_5_	6	7	8	9	10	11	12
藤黄科黄牛木属	黄牛木	231	1	2	3	_4_	_5_	6	7	8	9	10	11	12
藤黄科藤黄属	岭南山竹子	127	1	2	3	**4**	**5**	6	7	8	9	10	11	12
藤黄科藤黄属	木竹子	129	1	2	3	_4_	5	_6_	7	8	9	10	11	12
天南星科海芋属	海芋	179	1	2	3	**4**	_5_	_6_	_7_	**8**	9	10	11	12
天南星科石柑属	石柑子	211	_1_	_2_	_3_	_4_	_5_	_6_	_7_	_8_	_9_	_10_	_11_	_12_
土人参科土人参属	土人参	275	**1**	**2**	**3**	**4**	**5**	**6**	**7**	**8**	**9**	**10**	**11**	**12**
乌毛蕨科乌毛蕨属	乌毛蕨	325	1	2	3	4	5	6	7	8	9	10	11	12

科　属	中文种名	页　码	花　期											
无患子科倒地铃属	倒地铃	81	1	2	3	4	5	6	7	8	9	10	11	12
五桠果科锡叶藤属	锡叶藤	93	1	2	3	4	5	6	7	8	9	10	11	12
西番莲科西番莲属	龙珠果	101	1	2	3	4	5	6	7	8	9	10	11	12
苋科青葙属	青葙	287	1	2	3	4	5	6	7	8	9	10	11	12
旋花科番薯属	厚藤	291	1	2	3	4	5	6	7	8	9	10	11	12
旋花科番薯属	五爪金龙	293	1	2	3	4	5	6	7	8	9	10	11	12
鸭跖草科鸭跖草属	鸭跖草	313	1	2	3	4	5	6	7	8	9	10	11	12
杨柳科天料木属	天料木	21	1	2	3	4	5	6	7	8	9	10	11	12
杨梅科杨梅属	杨梅	111	1	2	3	4	5	6	7	8	9	10	11	12
野牡丹科棱果花属	棱果花	245	1	2	3	4	5	6	7	8	9	10	11	12
野牡丹科野牡丹属	毛菍	241	1	2	3	4	5	6	7	8	9	10	11	12
野牡丹科野牡丹属	野牡丹	243	1	2	3	4	5	6	7	8	9	10	11	12
野牡丹科野牡丹属	地菍	247	1	2	3	4	5	6	7	8	9	10	11	12
叶下珠科叶下珠属	余甘子	141	1	2	3	4	5	6	7	8	9	10	11	12
远志科远志属	黄花倒水莲	157	1	2	3	4	5	6	7	8	9	10	11	12
芸香科花椒属	两面针	205	1	2	3	4	5	6	7	8	9	10	11	12
芸香科蜜茱萸属	三桠苦	147	1	2	3	4	5	6	7	8	9	10	11	12
芸香科山油柑属	山油柑	13	1	2	3	4	5	6	7	8	9	10	11	12
樟科木姜子属	山鸡椒	145	1	2	3	4	5	6	7	8	9	10	11	12
樟科无根藤属	无根藤	97	1	2	3	4	5	6	7	8	9	10	11	12

植物名中文索引

三画	
三桠苦	147
土人参	275
土沉香	133
山乌桕	135
山芝麻	251
山血丹	45
山鸡椒	145
山油柑	13
山菅	171
山椒子	119
山橙	87
弓果藤	203
马尾松	317
马齿苋	177
马瓟儿	99

四画	
天料木	21
无根藤	97
木竹子	129
木油桐	7
木荷	5
木榄	233
木鳖子	219
五爪金龙	293
五月茶	137
车前	55

水东哥	235
水团花	37
牛茄子	49
牛眼马钱	201
毛八角枫	11
毛葱	241
毛棉杜鹃花	237
毛麝香	311
乌毛蕨	325
火炭母	75

五画	
石韦	329
石仙桃	65
石柑子	211
石萝藦	57
石斑木	33
龙珠果	101
四子马蓝	255
白花油麻藤	85
白背叶	153
半边莲	261

六画	
老鼠簕	301
地桃花	249
地菍	247
芒萁	327
吊钟花	239

朱砂根	43
竹叶兰	271
伏石蕨	331
华凤仙	257
华南忍冬	91
华重楼	169
多花勾儿茶	189
羊角拗	223
红毛草	115
红花荷	229
红花酢浆草	273
红孩儿	259

七 画

赤楠	29
苍耳	61
芳香石豆兰	79
杜鹃	113
杠板归	77
杉木	319
杨梅	111
豆梨	17
两面针	205
岗松	27
牡荆	303
余甘子	141
含羞草	283
鸡矢藤	297

鸡柏紫藤	191

八 画

青葙	287
苦蘵	167
苞舌兰	175
齿缘吊钟花	25
虎杖	73
罗浮买麻藤	333
罗浮柿	125
岭南山竹子	127
垂序商陆	53
金线兰	63
金钱蒲	181
金樱子	51
单叶蔓荆	305
细轴荛花	159

九 画

鬼针草	59
草珊瑚	161
草海桐	41
栀子	35
厚藤	291
钩吻	209
香港大沙叶	39
香港凤仙花	183
香港双蝴蝶	285
秋茄树	31

亮叶鸡血藤	289
娃儿藤	199

十画

盐肤木	151
莲座紫金牛	47
桔梗	309
桃金娘	253
唇柱苣苔	263
破布叶	143
鸭跖草	313
圆叶节节菜	265
秤星树	23
积雪草	277
倒地铃	81
海刀豆	295
海芋	179
海杧果	9
海桑	15
流苏贝母兰	173

十一画

球兰	83
菝葜	197
黄牛木	231
黄花倒水莲	157
黄槿	149
匙叶茅膏菜	281
匙羹藤	213
野木瓜	207
野牡丹	243

野茉莉	19
野菰	279
野漆	131
蛇莓	185
银叶树	109
假苹婆	227
假鹰爪	193
猪屎豆	165
鹿藿	215
粗叶榕	163
深山含笑	3
深绿卷柏	321
密花石豆兰	69

十二画

韩信草	307
棱果花	245
酢浆草	187
紫玉盘	117
紫纹兜兰	267
黑面神	155
鹅毛玉凤花	67
粪箕笃	217

十三画

锡叶藤	93
微甘菊	95

十四画

蔓九节	89
翠云草	323

十 五 画

蕺菜	71
鹤顶兰	269

十 六 画

薜荔	195
橙黄玉凤花	105

二 十 画

鳖葜锥	123
鳝藤	221

二 十 一 画

露兜树	139

参考文献

[1] 中国科学院中国植物志编辑委员会. 中国植物志 [M]. 北京：科学出版社，1959-2004；1-80.

[2] 深圳市中国科学院仙湖植物园. 深圳植物志 [M]. 北京：中国林业出版社，2012：第2卷，第3卷.

[3] 深圳市人民政府城市管理办公室，深圳市梧桐山风景区管理处，深圳市城市管理科学研究所，中国科学院华南植物园. 梧桐山植物 [M]. 北京：中国林业出版社，2003.

[4] 邢福武，周远松，龚友夫，等. 深圳市七娘山郊野公园植物资源与保护 [M]. 北京：中国林业出版社，2004.

[5] 邢福武，曾庆文，谢左章. 广州野生植物 [M]. 武汉：华中科技大学出版社，2011.

[6] 张天麟. 园林树木1600种 [M]. 北京：中国建筑工业出版社，2010.

[7] 刘延江. 园林观赏花卉 [M]. 沈阳：辽宁科学技术出版社，2007.

[8] 徐晔春. 观花植物1000种图鉴 [M]. 长春：吉林科学技术出版社，2009.

[9] 朱根发，徐晔春，操君喜. 岭南春季花木 [M]. 北京：中国农业出版社，2014.

[10] 朱根发，徐晔春，操君喜. 岭南夏季花木 [M]. 北京：中国农业出版社，2014.

[11] 朱根发，徐晔春，操君喜. 岭南秋季花木 [M]. 北京：中国农业出版社，2014.

[12] 朱根发，徐晔春，操君喜. 岭南冬季花木 [M]. 北京：中国农业出版社，2014.

[13] 肖林，韦桂峰，胡韧. 广州周边常见植物识别图谱400例 [M]. 北京：中国环境出版社，2013.

[14] 中国科学院昆明植物研究所. 中国植物物种信息数据库：http://db.kib.ac.cn/eflora/View/plant/Default.aspx.

编委

主　　编：深圳市城市管理局
　　　　　深圳市林业局
总体策划：王国宾
策　　划：丘孟军　綦文生　朱伟华　杨雷　吴学龙　梅村　周瑶伟
审　　核：朱伟华
学术顾问：焦根林
全本审读：洪德元
统　　筹：胡振华　金红
监　　制：南兆旭
编　　辑：严莹
图　　文：吴健梅
设　　计：余涛　刘洋　李爽　毛多娇
插图绘制：周小兜　刘峰
特约绘图：罗婉铭
校　　对：谢佐桂
承　　制：深圳市越众文化传播有限公司

部分图片提供：陈裕强　樊立勇　侯满福　严莹　钟智明　周卓

图书在版编目（CIP）数据

草木深圳. 郊野篇 / 深圳市城市管理局，深圳市林业局主编. —深圳: 深圳出版社，2017.3（2024.6重印）

ISBN 978-7-5507-1826-5

Ⅰ. ①草⋯ Ⅱ. ①深⋯ ②深⋯ Ⅲ. ①植物 – 介绍 – 深圳 Ⅳ. ① Q948.526.53

中国版本图书馆CIP数据核字(2024) 第091941号

草木深圳·郊野篇
CAOMU SHENZHEN JIAOYEPIAN

出 品 人	聂雄前
责任编辑	张绪华 涂玉香
责任技编	梁立新
装帧设计	深圳市越众文化传播有限公司
监　　制	南兆旭

出版发行	深圳出版社
地　　址	深圳市彩田南路海天综合大厦7-8层（518033）
网　　址	www.htph.com.cn
订购电话	0755-83460397（批发）0755-83460239（邮购）
印　　刷	深圳市新联美术印刷有限公司
开　　本	787mm×1092mm 1/16
印　　张	24.5
字　　数	30万字
版　　次	2017年3月第1版
印　　次	2024年6月第6次
定　　价	150.00元

版权所有，侵权必究。凡有印装质量问题，我社负责调换。

法律顾问：苑景会律师 502039234@qq.com

草珊瑚 *Sarcandra glabra* (Thunb.) Nakai	 粗叶榕 *Ficus hirta* Vahl	 猪屎豆 *Crotalaria pallida* Aiton	 苦蘵 *Physalis angulata* L.	 华重楼 *Paris polyphylla* var. *chinensis* (Franch.) H. Hara

山菅 *Dianella ensifolia* (L.) DC.
流苏贝母兰 *Coelogyne fimbriata* Lindl. 
苞舌兰 *Spathoglottis pubescens* Lindl. 
马齿苋 *Portulaca oleracea* L. 
海芋 *Alocasia odora* (Lindl.) K.Koch 

金钱蒲 *Acorus gramineus* Aiton
香港凤仙花 *Impatiens hongkongensis* Grey-Wilson 
蛇莓 *Duchesnea indica* (Andr.) Focke 
酢浆草 *Oxalis corniculata* L. 
多花勾儿茶 *Berchemia floribunda* (Wall.) Brongn 

鸡柏紫藤 *Elaeagnus loureiroi* Champ. ex Benth.
假鹰爪 *Desmos chinensis* Lour. 
薜荔 *Ficus pumila* L. 
菝葜 *Smilax china* L. 
娃儿藤 *Tylophora ovata* (Lindl.) Hook. ex Steud.

牛眼马钱 *Strychnos angustiflora* Benth.

弓果藤 *Toxocarpus wightianus* Hook. et Arn.

两面针 *Zanthoxylum nitidum* (Roxb.) DC.

野木瓜 *Stauntonia chinensis* DC.

钩吻 *Gelsemium elegans* (Gardn. et Champ.) Benth.

石柑子 *Pothos chinensis* (Raf.) Merr.

匙羹藤 *Gymnema sylvestre* (Retz.) R. Br. ex Schult.

鹿藿 *Rhynchosia volubilis* Lour.

粪箕笃 *Stephania longa* Lour.

木鳖子 *Momordica cochinchinensis* (Lour.) Spreng.

 微甘菊 *Mikania micrantha* Kunth	无根藤 *Cassytha filiformis* L.	 马㼭儿 *Zehneria japonica* (Thunb.) H.Y.Liu	 龙珠果 *Passiflora foetida* L.	 橙黄玉凤花 *Habenaria rhodochelia* Hance
银叶树 *Heritiera littoralis* Aiton	 杨梅 *Myrica rubra* (Lour.) Siebold et Zucc.	 杜鹃 *Rhododendron simsii* Planch.	 红毛草 *Melinis repens* (Willd.) Zizka	 紫玉盘 *Uvaria macrophylla* Roxb.
山椒子 *Uvaria grandiflora* Roxb.ex Hornem.	 黧蒴锥 *Castanopsis fissa* (Champ. ex Benth.) Rehder et E.H.Wilson	 罗浮柿 *Diospyros morrisiana* Hance	 岭南山竹子 *Garcinia oblongifolia* Champ. ex Benth.	 木竹子 *Garcinia multiflora* Champ. ex Benth.
野漆 *Toxicodendron succedaneum* (L.) Kuntze	 土沉香 *Aquilaria sinensis* (Lour.) Spreng.	 山乌桕 *Triadica cochinchinensis* Lour.	 五月茶 *Antidesma bunius* (L.) Spreng.	 露兜树 *Pandanus tectorius* Parkinson ex Du Roi
余甘子 *Phyllanthus emblica* L.	 破布叶 *Microcos paniculata* L.	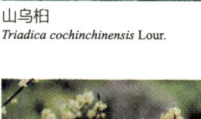 山鸡椒 *Litsea cubeba* (Lour.) Pers.	 三桠苦 *Melicope pteleifolia* (Champ. ex Benth.) T. G. Hartley	 黄槿 *Hibiscus tiliaceus* L.
盐肤木 *Rhus chinensis* Mill.	 白背叶 *Mallotus apelta* (Lour.) Müll. Arg.	 黑面神 *Breynia fruticosa* (L.) Müll. Arg.	 黄花倒水莲 *Polygala fallax* Hemsl.	 细轴荛花 *Wikstroemia nutans* Champ. ex Benth.

栀子
Gardenia jasminoides J.Ellis

水团花
Adina pilulifera (Lam.) Franch.ex Drake

香港大沙叶
Pavetta hongkongensis Bremek.

草海桐
Scaevola taccada (Gaertn.) Roxb.

朱砂根
Ardisia crenata Sims

山血丹
Ardisia lindleyana D.Dietr.

莲座紫金牛
Ardisia primulifolia Gardner et Champ.

牛茄子
Solanum capsicoides All.

金樱子
Rosa laevigata Michx.

垂序商陆
Phytolacca americana L.

车前
Plantago asiatica L.

石萝藦
Pentasachme caudatum Wall. ex Wight

鬼针草
Bidens pilosa L.

苍耳
Xanthium strumarium L.

金线兰
Anoectochilus roxburghii (Wall.) Lindl.

石仙桃
Pholidota chinensis Lindl.

鹅毛玉凤花
Habenaria dentata (Sw.) Schltr.

密花石豆兰
Bulbophyllum odoratissimum (Sm.) Lindl.ex Wall.

蕺菜
Houttuynia cordata Thunb.

虎杖
Reynoutria japonica Houtt.

火炭母
Polygonum chinense L.

杠板归
Polygonum perfoliatum L.

芳香石豆兰
Bulbophyllum ambrosia (Hance) Schltr.

倒地铃
Cardiospermum halicacabum L.

球兰
Hoya carnosa (L.f.) R. Br.

白花油麻藤
Mucuna birdwoodiana Tutcher

山橙
Melodinus suaveolens (Hance) Champ. ex Benth.

蔓九节
Psychotria serpens L.

华南忍冬
Lonicera confusa (Sweet) DC.

锡叶藤
Tetracera sarmentosa (L.) Vahl.

鳝藤
Anodendron affine (Hook.et Arn.) Druce

羊角拗
Strophanthus divaricatus (Lour.) Hook. et Arn.

假苹婆
Sterculia lanceolata Cav.

红花荷
Rhodoleia championii Hook. f.

黄牛木
Cratoxylum cochinchinense (Lour.) Blume

木榄
Bruguiera gymnorhiza (L.) Savigny

水东哥
Saurauia tristyla DC.

毛棉杜鹃花
Rhododendron moulmainense Hook. f.

吊钟花
Enkianthus quinqueflorus Lour.

毛菍
Melastoma sanguineum Sims

野牡丹
Melastoma malabathricum L.

棱果花
Barthea barthei (Hance ex Benth.) Krass.

地菍
Melastoma dodecandrum Lour.

地桃花
Urena lobata L.

山芝麻
Helicteres angustifolia L.

桃金娘
Rhodomyrtus tomentosa (Aiton) Hassk.

四子马蓝
Strobilanthes tetrasperma (Champ. ex Benth.) Druce

华凤仙
Impatiens chinensis L.

红孩儿
Begonia palmata var. *bowringiana* (Champ. ex Benth.) Golding et Kareg.

半边莲
Lobelia chinensis Lour.

唇柱苣苔
Chirita sinensis Lindl.

圆叶节节菜
Rotala rotundifolia (Buch.-Ham. ex Roxb.) Koehne

紫纹兜兰
Paphiopedilum purpuratum (Lindl.) Stein

鹤顶兰
Phaius tankervilleae (Banks) Blume

竹叶兰
Arundina graminifolia (D.Don) Hochr.

红花酢浆草
Oxalis corymbosa DC.

土人参
Talinum paniculatum (Jacq.) Gaertn.

积雪草
Centella asiatica (L.) Urb.

野菰
Aeginetia indica L.

匙叶茅膏菜
Drosera spathulata Labill.

深圳野生植物 160 种

郊野篇

深山含笑
Michelia maudiae Dunn

木荷
Schima superba Gardner et Champ.

木油桐
Vernicia montana Lour.

海杧果
Cerbera manghas L.

毛八角枫
Alangium kurzii Craib

山油柑
Acronychia pedunculata (L.) Miq.

海桑
Sonneratia caseolaris (L.) Engl.

豆梨
Pyrus calleryana Decne.

野茉莉
Styrax japonicus Siebold et Zucc.

天料木
Homalium cochinchinense (Lour.) Druce

秤星树
Ilex asprella (Hook. et Arn.) Champ. ex Benth.

齿缘吊钟花
Enkianthus serrulatus (E.H.Wilson) C.K.Schneid.

岗松
Baeckea frutescens L.

赤楠
Syzygium buxifolium Hook. et Arn.

秋茄树
Kandelia obovata Sheue et al.

石斑木
Rhaphiolepis indica (L.) Lindl.

含羞草
Mimosa pudica L.

香港双蝴蝶
Tripterospermum nienkui (C. Marquand) C. J. Wu

青葙
Celosia argentea L.

亮叶鸡血藤
Callerya nitida (Benth.) R. Geesink

厚藤
Ipomoea pes-caprae (L.) R. Br.

五爪金龙
Ipomoea cairica (L.) Sweet

海刀豆
Canavalia rosea (Sw.) DC.

鸡矢藤
Paederia foetida L.

老鼠簕
Acanthus ilicifolius L.

牡荆
Vitex negundo var. *cannabifolia* (Sieb. et Zucc.) Hand.-Mazz.

单叶蔓荆
Vitex rotundifolia L.f.

韩信草
Scutellaria indica L.

桔梗
Platycodon grandiflorus (Jacq.) A. DC.

毛麝香
Adenosma glutinosum (L.) Druce

鸭跖草
Commelina communis L

马尾松
Pinus massoniana Lamb.

杉木
Cunninghamia lanceolata (Lamb.) Hook.

深绿卷柏
Selaginella doederleinii Hieron.

翠云草
Selaginella uncinata (Desv. ex Poir.) Spring

乌毛蕨
Blechnum orientale L.

芒萁
Dicranopteris pedata (Houtt.) Nakaike

石韦
Pyrrosia lingua (Thunb.) Farw.

伏石蕨
Lemmaphyllum microphyllum C. Pres

罗浮买麻藤
Gnetum luofuense C. Y. Cheng